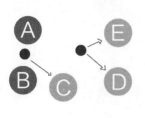
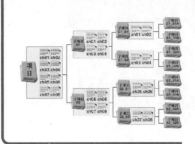
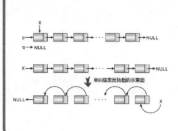

图解算法
使用C语言

吴灿铭
胡昭民 / 著

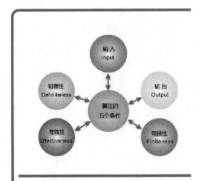
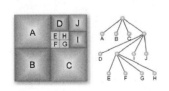

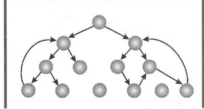
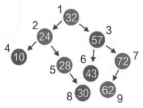
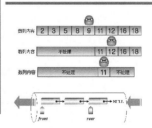

清华大学出版社
北京

北京市版权局著作权合同登记号：图字 01-2019-7441

本书为荣钦科技股份有限公司授权出版发行的中文简体字版本。

内 容 简 介

本书是一本综合讲述数据结构及其算法的入门书，力求简洁、清晰、严谨且易于学习和掌握。

全书从基本的数据结构概念开始讲解，包括数组结构、队列、堆栈、树结构、排序、查找等；接着介绍常用的算法，包括分治法、递归法、贪心法、动态规划法、迭代法、枚举法、回溯法等，每个经典的算法都提供了 C 程序设计语言编写的完整范例程序；最后在每章末尾都安排了大量的习题，这些题目包含各类考试的例题，希望读者能灵活地应用所学的各种知识。

本书图文并茂，叙述简洁、清晰，范例丰富、可操作性强，针对具有一定编程能力又想提高编程"深度"的非信息专业类人员或学生，是一本数据结构普及型的教科书或自学参考书。

图书在版编目（CIP）数据

图解算法：使用 C 语言/吴灿铭，胡昭民著.—北京：清华大学出版社，2021.5（2022.12重印）
ISBN 978-7-302-54542-2

Ⅰ．①图… Ⅱ．①吴… ②胡… Ⅲ．①计算机算法-图解②C 语言-程序设计 Ⅳ．①TP301.6-64

中国版本图书馆 CIP 数据核字（2019）第 290389 号

责任编辑：夏毓彦
封面设计：王　翔
责任校对：闫秀华
责任印制：曹婉颖

出版发行：清华大学出版社
　　　网　　址：http://www.tup.com.cn，http://www.wqbook.com
　　　地　　址：北京清华大学学研大厦 A 座　　　　邮　　编：100084
　　　社 总 机：010-83470000　　　　　　　　　　邮　　购：010-62786544
　　　投稿与读者服务：010-62776969，c-service@tup.tsinghua.edu.cn
　　　质 量 反 馈：010-62772015，zhiliang@tup.tsinghua.edu.cn
印 装 者：北京鑫海金澳胶印有限公司
经　　销：全国新华书店
开　　本：190mm×260mm　　　　印　　张：12.5　　　　字　　数：320 千字
版　　次：2020 年 2 月第 1 版　　　　　　　　　　印　　次：2022 年 12 月第 4 次印刷
定　　价：49.00 元

产品编号：085530-01

前　　言

从 1972 年 Dennis Ritchie 在贝尔实验室发明 C 语言之始，再加上 Linux 与开放源代码的发展，使得 C 语言影响力日益强大。C 语言之所以长时间以来屹立不倒，除了是一种结构化的程序设计语言外，还具备强悍的硬件处理能力，C 语言同时具有高级程序设计语言与低级程序设计语言的特性，因而它又被人们称为中级程序设计语言。

所谓"数据结构"，其实就是讲述基于数据结构的算法，就是为解决问题所采取的方法和步骤，是培养程序设计逻辑的基础理论。程序解决问题的能力是否有效率，数据结构及算法就是其中的关键。市面上有许多数据结构相关的书籍，常会介绍大量的理论或是在书上举例去表达数据结构及算法的核心概念，帮助用户理解各种数据结构及算法的核心概念，但是这类书缺乏完整的结合程序设计语言的实现实例，因而对于第一次接触数据结构的初学者来说，将它们运用于实际应用就成了跨不过去的鸿沟。

为了帮助更多人用比较轻松的方式了解各种算法的重点，包括分治法、递归法、贪心法、动态规划法、迭代法、枚举法、回溯法等，以及应用不同算法所延伸出的重要数据结构（例如数组、链表、堆栈、队列、树、图、排序、查找、哈希等），本书特别采用丰富的图例来阐述数据结构及算法的基本概念，并将数据结构及算法概念进行言简意赅的诠释和举例，同时使用 C 语言编程实现算法，以期能将各种数据结构及算法真正应用于学习者将来的程序设计中。因此，这是一本学习数据结构的入门教科书。

然而，一本好的数据结构教科书，除了内容的完备专业外，更需要有清楚易懂的结构安排及表达方式。希望本书可以帮助读者在轻松的学习氛围下对算法这门基础理论有比较深刻的认识。

作者敬笔

改编说明

　　"数据结构"不仅仅只是讲授数据的结构以及在计算机内如何存储和组织数据的方式,它背后真正蕴含的是与之息息相关的算法,精心选择的数据结构配合恰如其分的算法就意味着数据或信息在计算机内被高效率地存储和处理。算法是数据结构的灵魂,既神秘又"好玩",简而言之:数据结构 + 算法 ="聪明人在计算机上的游戏"。

　　数据结构一直是计算机科学的核心基础课程之一。本书是一本综合且全面讲述数据结构及其算法分析的教科书。为了便于高校的教学或者读者自学,作者在描述数据结构原理和算法时文字清晰而严谨,为每种数据结构及其算法提供了演算的详细图解。另外,为了适合在教学中让学生上机实践或者自学者上机"操练",本书为每个经典的算法都提供了 C 语言编写的完整范例程序源代码。本书的所有范例程序都是在 DEC-C++集成开发环境下编写的。它是一款遵守 GPL 许可协议分发源代码的自由软件,可以从 https://bloodshed-dev-c.en.softonic.com/下载。

　　本书的所有范例程序都是基于标准 C 编写的,如果读者使用的是其他 C 语言的编译器或支持 C 语言的集成开发环境,也是可以顺利运行这些范例程序的。这些范例程序的完整源代码可以扫描下方的二维码获取:

　　学习本书需要 C 语言的基础,如果读者没有学习任何程序设计语言,那么建议先学习一下 C 语言再来学习本书;如果读者已经掌握了 C++、Java、Python、C#等任何一种程序设计语言,即便没有学习过 C 语言,只需要找一本"C 语言快速入门"方面的参考书快速浏览一下,就可以开始本书的学习。

资深架构师　赵军

2019 年 11 月

目　录

第1章

进入算法的世界

计算机（Computer）是一种具备了数据计算与信息处理功能的电子设备。它可以接受人类所设计的指令或程序设计语言，经过运算处理后输出期待的结果。

对于有志于从事信息技术专业领域的人员来说，数据结构（Data Structure）是一门与计算机硬件和软件息息相关的学科，称得上是从计算机问世以来经久不衰的热门学科。这门学科研究的重点在计算机程序设计领域，即研究如何将计算机中相关数据或信息的组合以某种方式组织起来进行有效的加工和处理，其中包含算法（Algorithm）、数据存储的结构、排序、查找、树、图及哈希函数等。

随着信息与网络科技的高速发展，在目前这个物联网（Internet of Things，IOT）与云运算（Cloud Computing）的时代，程序设计能力已经被看成是国力的象征，有条件的中小学校都将程序设计（或称为"编程"）列入学生信息课的学习内容，在大专院校里，程序设计已不再只是信息技术相关科系的"专利"了。程序设计已经是接受全民义务制教育的学生们应该具备的基本能力，只有将"创意"通过"设计过程"与计算机相结合，才能让新一代人才轻松应对这个快速变迁的云计算时代（见图1-1）。

图 1-1

没有最好的程序设计语言，只有是否适合的程序设计语言。程序设计语言本来就只是工具，从来都不是算法的重点。我们知道，一个程序能否快速而高效地完成预定的任务，算法才是其中的关键因素。本章将介绍算法的基本概念和算法性能的分析，并介绍一些基本的数据结构，以作为后续章节讨论的基础，让读者逐步认识算法。

提示

"云"其实泛指"网络"，因为工程师在网络结构示意图中通常习惯用"云朵"图来代表不同的网络。云计算是指将网络中的运算能力提供出来作为一种服务，只要用户可以通过网络登录远程服务器进行操作，就能使用这种运算资源。

物联网（Internet of Things，IOT）是近年来信息产业中一个非常热门的话题，各种配备了传感器的物品，如 RFID、环境传感器、全球定位系统（GPS）等与因特网结合起来，并通过网络技术让各种实体对象、自动化设备彼此沟通与交换信息，也就是通过网络把所有东西都连接在一起。

1.1 生活中处处都存在算法

算法（Algorithm）是计算机科学中程序设计领域的核心理论之一，每个人每天都会用到一些算法。算法也是人类使用计算机解决问题的技巧之一，不但可用于计算机领域，而且在数学、物理甚至是每天的生活中都应用广泛。在日常生活中有许多工作可以使用算法来描述，例如员工的工作报告、宠物的饲养过程、厨师准备美食的食谱、学生的课程表等。我们几乎每天都在使用的各种搜索引擎也必须借助不断更新的算法来运行，如图 1-2 所示。

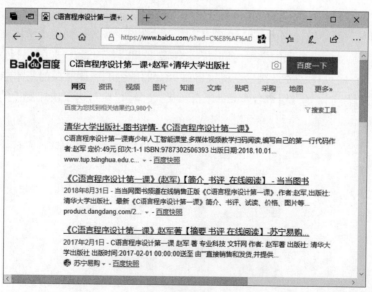

图 1-2

特别是在算法与大数据的结合下，这门学科演化出"千奇百怪"的应用，例如当我们拨打某个银行信用卡客户服务中心的电话时，很可能就先经过后台算法的过滤，帮我们找出一位最"合我们胃口"的客服人员来与我们交谈。在互联网时代,通过大数据的分析,网店还可以进一步了解产品购买和需求的人群,甚至一些知名 IT 企业在面试过程中也会测验面试人员对算法的了解程度(见图 1-3)。

图 1-3

提　示

大数据（又称为海量数据,Big Data）由 IBM 公司于 2010 年提出,是指在一定时效（Velocity）内进行大量（Volume）、多样性（Variety）、低价值密度（Value）、真实性（Veracity）数据的获得、分析、处理、保存等操作,主要特性包含 Volume（大量）、Velocity（时效性）、Variety（多样性）、Value（低价值密度）和 Veracity（真实性）。大数据解决了商业智能无法处理的非结构化与半结构化数据。

1.1.1　算法的定义

在韦氏辞典中算法定义为：A procedure for solving a mathematical problem in a finite number of steps,即"在有限步骤内解决数学问题的过程。"如果运用在计算机领域中,我们也可以把算法定义成："为了解决某项工作或某个问题,所需要有限数量的机械性或重复性指令与计算步骤。"

我们知道可整除两个整数的最大整数被称为这两个整数的最大公约数,而辗转相除法可以用来求出两个整数的最大公约数,即可以使用这个辗转相除法的算法来求解。下面我们使用 while 循环来设计一个 C 语言程序,根据输入的两个整数求解最大公约数（Greatest Common Divisor,GCD）。辗转相除法用 C 语言来描述的算法过程如下：

```c
if (Num1 < Num2)
{
    TmpNum = Num1;
    Num1 = Num2;
    Num2 = TmpNum;           /* 找出两个数中的较大值 */
}
while (Num2 != 0)
{
    TmpNum = Num1 % Num2;    /* 求两个数的余数 */
```

```
    Num1 = Num2;
    Num2 = TmpNum;                /* 辗转相除法 */
}
printf("最大公约数(GCD) = %d\n", Num1);
```

1.1.2 算法的条件

在计算机系统中算法更是不可或缺的一环，有一个著名的公式"计算机程序 = 算法 + 数据结构"，它从另一个角度阐述算法的概念与定义，也表述了算法、数据结构和计算机程序之间的关系。在了解了认识算法的定义之后，说明一下算法所必须符合的 5 个条件，如图 1-4 和表 1-1 所示。

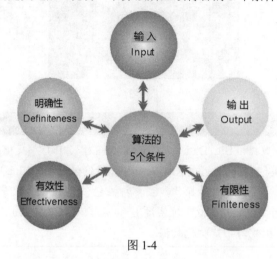

图 1-4

表 1-1 算法必须符合的 5 个条件

算法的特性	内容与说明
输入（Input）	0 个或多个输入数据，这些输入必须有清楚的描述或定义
输出（Output）	至少会有一个输出结果，不能没有输出结果
明确性（Definiteness）	每一个指令或步骤必须是简洁明确的
有限性（Finiteness）	在有限步骤后一定会结束，不会产生无限循环
有效性（Effectiveness）	步骤清晰且可行，能让用户用纸笔计算而求出答案

我们认识了算法的定义与条件后，接着要思考一下用什么方法来表达算法比较合适。其实算法的主要目的在于让人们了解所执行工作的流程与步骤，只要清楚地体现出算法的 5 个条件即可。

常用的算法一般可以用中文、英文、数字等文字方式来描述，也就是用自然语言来描述算法的具体步骤。例如，图 1-5 所示就是小华早上去上学并买早餐的简单文字算法。

小华早上去上学　　今天天气很好

叫了一份精致的
汉堡大餐　　　　走进早餐厅

图 1-5

常用的算法也可以用可读性高的高级程序设计语言或伪语言（Pseudo-Language）来描述或者表达。以下算法是用 C 语言描述的，给 Pow()函数传入两个数 x、y，求 x 的 y 次方的值，即求 x^y 的值：

```c
float Pow( float x, int y )
{
    float p = 1;
    int i;
    for( i = 1; i <= y; i++ )
        p *= x;

    return p;
}

int main(void)
{
    float x;
    int y;

    printf( "请输入次方运算（ex.2^3）: " );
    scanf( "%f^%d", &x, &y );
    printf( "次方运算结果: %.4f\n", Pow(x, y) );
    /* 调用 Pow()函数，并输出计算结果 */
}
```

提　示

伪语言（Pseudo-Language）是接近高级程序设计的语言，也是一种不能直接放进计算机中执行的语言。一般需要一种特定的预处理器（Preprocessor），或者用人工编写转换成真正的计算机语言，经常使用的有 SPARKS、PASCAL-LIKE 等。

　　流程图（Flow Diagram）是一种以图形符号来表示算法的通用方法。例如，输入一个数值，并判断是奇数还是偶数，如图 1-6 所示。

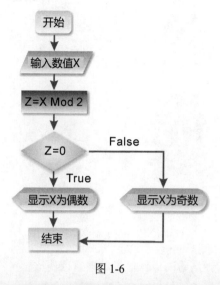

图 1-6

提　示

算法和过程（Procedure）有何不同？与流程图又有什么关系？

算法和过程是有所区别的，因为过程不一定要满足有限性的要求，如操作系统或机器上运行的过程。除非宕机，否则永远在等待循环中（Waiting Loop），这也违反了算法 5 个条件中的"有限性"。另外，只要是算法，就都能够使用流程图来表示，但是由于过程流程图可包含无限循环，因此无法使用算法来表达。

1.1.3　时间复杂度 $O(f(n))$

　　大家可能会想，那么应该怎么评估一个算法的好坏呢？例如，可以把某个算法执行步骤的计数来作为衡量运行时间的标准，例如同样是程序语句：

$$a = a + 1$$

与

$$a = a + 0.3 / 0.7 * 10005$$

　　由于涉及变量存储类型与表达式的复杂度，因此真正绝对精确的运行时间一定不相同。不过话说回来，如此大费周章地去考虑程序的运行时间往往寸步难行，而且毫无意义，此时可以利用一种"概量"的概念来衡量运行时间，我们称之为"时间复杂度"（Time Complexity）。其详细定义如下：

　　在一个完全理想状态下的计算机中，我们定义 $T(n)$ 来表示程序执行所要花费的时间，其中 n 代表数据输入量。当然程序的运行时间（Worse Case Executing Time）或最大运行时间是时间复杂度的衡量标准，一般以 Big-Oh 表示。

在分析算法的时间复杂度时，往往用函数来表示它的成长率（Rate of Growth），其实时间复杂度是一种"渐近表示法"（Asymptotic Notation）。

$O(f(n))$可视为某算法在计算机中所需运行时间不会超过某一常数倍的$f(n)$。也就是说，当某算法的运行时间$T(n)$的时间复杂度（Time Complexity）为$O(f(n))$（读成 big-oh of f(n)或 order is f(n)）时，意思是存在两个常数c与n_0，若$n \geqslant n_0$，则$T(n) \leqslant cf(n)$。$f(n)$又称为运行时间的成长率（Rate of Growth）。由于在估算算法复杂度时采取"宁可高估不要低估"的原则，因此估计出来的复杂度是算法真正所需运行时间的上限。请大家看以下范例，以了解时间复杂度的意义。

范例▶ 假如运行时间 $T(n)=3n^3 + 2n^2 + 5n$，求时间复杂度。

解答▶ 首先找出常数c与n_0。当$n_0=0$、$c=10$时，若$n \geqslant n_0$，则$3n^3+2n^2+5n \leqslant 10n^3$，因此得知时间复杂度为$O(n^3)$。

事实上，时间复杂度只是执行次数的一个概略的量度，并非真实的执行次数。而 Big-Oh 则是一种用来表示最坏运行时间的表现方式，也是最常用于在描述时间复杂度的渐近式表示法。常见的 Big-Oh 可参考表 1-2 和图 1-7。

表 1-2　常见的 Big-Oh

Big-Oh	特色与说明
$O(1)$	称为常数时间（Constant Time），表示算法的运行时间是一个常数倍
$O(n)$	称为线性时间（Linear Time），表示执行的时间会随着数据集合的大小而线性增长
$O(\log_2 n)$	称为次线性时间（Sub-Linear Time），成长速度比线性时间还慢，而比常数时间还快
$O(n^2)$	称为平方时间（Quadratic Time），算法的运行时间会成二次方的增长
$O(n^3)$	称为立方时间（Cubic Time），算法的运行时间会成三次方的增长
(2^n)	称为指数时间（Exponential Time），算法的运行时间会成 2 的 n 次方增长。例如，解决 Nonpolynomial Problem 问题算法的时间复杂度为 $O(2^n)$
$O(n\log_2 n)$	称为线性乘对数时间，介于线性和二次方增长的中间模式

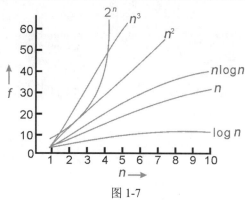

图 1-7

$n \geqslant 16$ 时，时间复杂度的优劣比较关系如下：

$$O(1) < O(\log_2 n) < O(n) < O(n\log_2 n) < O(n^2) < O(n^3) < O(2^n)$$

1.2 常见算法介绍

善用算法是培养程序设计逻辑很重要的步骤。许多实际的问题都可用多个可行的算法来解决，但是要从中找出最佳的解决算法是一项挑战。本节将为大家介绍一些近年来相当知名的算法，帮助大家更加了解不同算法的概念与技巧，以便日后更有能力分析各种算法的优劣。

1.2.1 分治法

分治法（Divide and Conquer，也称为"分而治之法"）是一种很重要的算法，我们可以应用分治法来逐一拆解复杂的问题，核心思想就是将一个难以直接解决的大问题依照相同的概念分割成两个或更多的子问题，以便各个击破。其实，任何一个可以用程序求解的问题所需的计算时间都与其规模有关，问题的规模越小，越容易直接求解。分割问题也是遇到大问题的解决方式，可以使子问题规模不断缩小，直到这些子问题简单到足以解决，最后将各子问题的解合并得到原问题的最终解答。这个算法应用相当广泛，如快速排序法（Quick Sort）、递归算法（Recursion）、大整数乘法。

下面我们就以一个实际的例子来说明。如果有 8 幅很难画的图，就可以分成两组各 4 幅画来完成；如果还是觉得复杂，就分成 4 组，每组各两幅画来完成。采用相同模式反复分割问题，这就是最简单的分治法的核心思想，如图 1-8 所示。

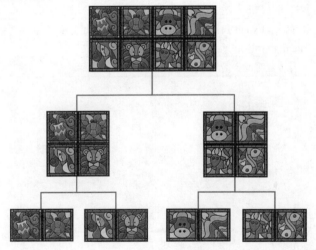

图 1-8

再举个例子，如果你被委派做一个项目的规划，规划这个项目有 8 个章节的主题，如果只靠一个人独立完成，不但时间比较长，而且有些规划的内容可能不是自己的专长，这时就可以按照这 8 个章节的特性分给 2 个项目负责人去完成。不过，为了让这个规划更快完成，又能找到适合的分类，再分别将其分割成 2 章，并分派给更多不同的项目成员，如此一来，每个成员只需负责其中 2 个章节，经过这样的分配，就可以将原先的大项目简化成 4 个小项目，并委派给 4 个成员去完成。

以此类推，根据分治法的核心思想，又可以将其切割成 8 个小主题，委派给 8 个成员去分别完成，因为参与人员较多，所以所需时间缩减到原先一个人独立完成的时间。这个例子的分治法解决方案的示意图如图 1-9 所示。

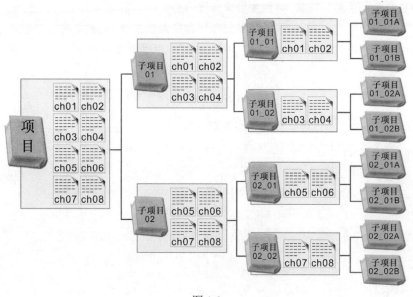

图 1-9

分治法也可以应用在数字的分类与排序上，如果要以人工的方式将散落在地上的打印稿从第 1 页整理并排序到第 100 页，可以有两种做法。一种方法是逐一捡起打印稿，并逐一按页码顺序插入到正确的位置。但是这样有一个缺点，就是排序和整理的过程较为繁杂，而且比较浪费时间。另一种方法是应用分治法的原理，先行将页码 1 到页码 10 放在一起，页码 11 到页码 20 放在一起，以此类推，将页码 91 到页码 100 放在一起，也就是说，将原先的 100 页分类为 10 个页码区间，然后分别对 10 堆页码进行整理，再从页码小到大的分组合并起来，轻易恢复到原先的稿件顺序。通过分治法可以让原先复杂的问题，变成规则更简单、数量更少、速度更快且更容易轻易解决的小问题。

1.2.2 递归法

递归是一种很特殊的算法，分治法和递归法很像一对孪生兄弟，都是将一个复杂的算法问题进行分解，让规模越来越小，最终使子问题容易求解。递归在早期人工智能所用的语言（如 Lisp、Prolog）中几乎是整个语言运行的核心，现在许多程序设计语言（包括 C、C++、Java、Python 等）都具备递归功能。简单来说，对程序设计人员的实现而言，"函数"（或称为子程序）不单纯只是能够被其他函数调用（或引用）的程序单元，在某些程序设计语言中还提供了自己调用自己的功能，这两种调用的功能就是所谓的"递归"。

从程序设计语言的角度来说，谈到递归的定义，可以这样来描述：假如一个函数或子程序是由自身所定义或调用的，就称为递归（Recursion）。它至少要定义两个条件，包括一个可以反复执行的递归过程与一个跳出执行过程的出口。

阶乘函数是数学上很有名的函数，对递归法而言，也可以看成是很典型的范例，一般以符号"！"来代表阶乘。如 4 的阶乘可写为 4!，$n!$则表示为：

$$n! = n \times (n-1) * (n-2) *...* 1$$

下面逐步分解它的运算过程，以观察出其规律性。

```
5! = (5 * 4!)
   = 5 * (4 * 3!)
   = 5 * (4 * (3 * 2!)
   = 5 * 4 * (3 * (2 * 1)
   = 5 * 4 * (3 * 2)
   = 5 * (4 * 6)
   = (5 * 24)
   = 120
```

用 C 语言编写的 $n!$递归函数算法如下，请注意其中所应用的递归基本条件：一个反复的过程；一个递归终止的条件，确保有跳出递归过程的出口。

```c
int factorial(int i)
{
    int sum;
    if(i == 0)   /* 递归终止的条件，跳出递归过程的出口 */
        return(1);
    else
        sum = i * factorial(i-1);  /* sum=n*(n-1)!，反复执行的递归过程 */
    return sum;
}
```

以上是用阶乘函数的范例来说明递归的运行方式，在系统中具体实现递归时，则要用到堆栈的数据结构。所谓堆栈（Stack），就是一组相同数据类型的集合，所有的操作均在这个结构的顶端进行，具有"后进先出"（Last In First Out，LIFO）的特性。有关堆栈的详细功能说明与实现，请参考第 2 章及第 6 章。

我们再来看著名的斐波那契数列（Fibonacci Polynomial）的求解。斐波那契数列的基本定义为：

$$F_n = \begin{cases} 0 & n=0 \\ 1 & n=1 \\ F_{n-1}+F_{n-2} & n=2,3,4,5,6...（n 为正整数） \end{cases}$$

简单来说，这个数列的第 0 项是 0，第 1 项是 1，之后各项的值是由其前面两项值相加的结果（后面的每项值都是其前两项值的和）。根据斐波那契数列的定义，可以尝试把它设计成递归形式。

```c
int fib(int n)
{
```

```
    if(n==0) return 0;
    if(n==1)
        return 1;
    else
        return fib(n-1) + fib(n-2);/*递归引用本身 2 次*/
}
```

【范例程序：CH01_01.c】

下面设计一个计算第 n 项斐波拉契数列的递归程序。

```
01    #include <stdio.h>
02    #include <stdlib.h>
03
04    int fib(int);                              /* fib()函数的原型声明 */
05
06    int main(void)
07    {
08        int i,n;
09        printf("请输入要计算到第几项斐波拉契数列: ");
10        scanf("%d",&n);
11
12        for(i=0;i<=n;i++)                       /* 计算前 n 项斐波拉契数列 */
13            printf("fib(%d)=%d\n",i,fib(i));
14
15
16        return 0;
17    }
18
19    int fib(int n)                    /* 定义函数 fib()*/
20    {
21
22        if (n==0)
23            return 0;                     /* 如果 n=0,则返回 0*/
24        else if(n==1 || n==2)      /* 如果 n=1 或 n=2,则返回 1 */
25            return 1;
26        else                          /* 否则返回 fib(n-1) + fib(n-2) */
27            return (fib(n-1) + fib(n-2));
28    }
```

【执行结果】 参考图 1-10。

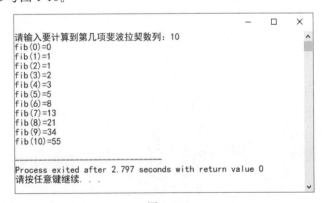

图 1-10

1.2.3 贪心法

贪心法（Greed Method）又称为贪婪算法，从某一起点开始，就是在每一个解决问题步骤中使用贪心原则，即采取在当前状态下最有利或最优化的选择，不断地改进该解答，持续在每一步骤中选择最佳的方法，并且逐步逼近给定的目标，当达到某一步骤不能再继续前进时算法停止，以尽可能快地求得更好的解。

贪心法的精神虽然是把求解的问题分成若干个子问题，不过不能保证求得的最后解是最佳的，贪心法容易过早做决定，只能求满足某些约束条件可行解的范围，不过在有些问题中却可以得到最佳解，经常用于求图的最小生成树（MST）、最短路径与霍哈夫曼编码等。

我们来看一个简单的例子（后面的货币系统不是现实的情况，只为了举例），如图 1-11 所示。假设我们今天去便利商店买了几听可乐，总价是 24 元，我们付给售货员 100 元，并且我们希望不要找太多硬币，即硬币的总数量最少，该如何找钱呢？假如目前的硬币有 50 元、10 元、5 元、1 元 4 种，从贪心法的策略来说，应找的钱总数是 76 元，所以一开始选择 50 元的硬币一枚，接下来就是 10 元的硬币两枚，最后是 5 元的硬币和 1 元的硬币各一枚，总共 5 枚硬币，这个结果也确实是最佳解答。

图 1-11

贪心法也适合用于旅游某些景点的判断，假如我们要从图 1-12 中的顶点 5 走到顶点 3，最短的路径该怎么走才好呢？以贪心法来说，当然是先走到顶点 1 最近，接着选择走到顶点 2，最后从顶点 2 走到顶点 5，这样的距离是 28。可是从图 1-12 中我们发现直接从顶点 5 走到顶点 3 才是最短的距离。也就是说，在这种情况下，是没有办法以贪心法规则来找到最佳解答的。

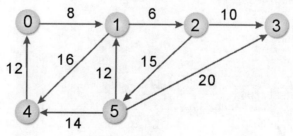

图 1-12

1.2.4　动态规划法

动态规划法（Dynamic Programming Algorithm，DPA）类似于分治法，在 20 世纪 50 年代初由美国数学家 R. E. Bellman 发明，用于研究多阶段决策过程的优化过程与求得一个问题的最佳解。动态规划法主要的做法是：如果一个问题答案与子问题相关，就能将大问题拆解成各个小问题，其中与分治法最大不同的地方是可以让每一个子问题的答案被存储起来，以供下次求解时直接取用。这样的做法不但能减少再次计算的时间，并可将这些解组合成大问题的解答，故而使用动态规划可以解决重复计算的问题。

例如，前面斐波拉契数列采用的是类似分治法的递归法，如果改用动态规划法，那么已计算过的数据就不必重复计算了，也不会再往下递归，因而实现了提高性能的目的。如果我们想求斐波拉契数列的第 4 项数 Fib(4)，那么它的递归过程可以用图 1-13 表示出来。

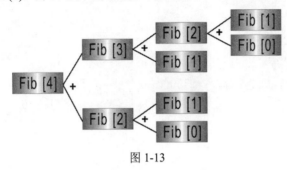

图 1-13

从上面的执行路径图中我们可以得知递归调用了 9 次，而执行加法运算 4 次，Fib(1) 与 Fib(0) 共执行了 3 次，重复计算影响了执行性能。我们根据动态规划法的思想，可以将算法修改如下（以 C 语言为例）：

```c
int output[1000]={0}; //fibonacci 的暂存区

int fib(int n)
{
    int result;
    result=output[n];
    if (result==0)
    {
        if(n==0)
            return 0;
        if(n==1)
            return 1;
        else
            return (fib(n-1)+fib(n-2));
        output[n]=result;
    }
    return result;
}
```

1.2.5 迭代法

迭代法（Iterative Method）无法使用公式一次求解，而需要使用迭代。

【范例程序：CH01_02.c】

下面以 C 语言用 for 循环设计一个计算 1!~n!的阶乘程序。

```
01    /* 以 for 循环计算 n! */
02    #include <stdio.h>
03    #include <stdlib.h>
04
05    int main()
06    {
07        int i,j,n,sum = 1;
08        printf("请输入 n=");
09        scanf("%d",&n);
10
11        for(i=0;i<=n;i++)            /* 0~n 的阶乘 */
12        {
13            for(j=i;j>0;j--)  /* n!=n*(n-1)*(n-2)*...*1 */
14                sum *= j; /* sum=sum*j */
15            printf("%d!=%3d\n",i,sum);
16            sum = 1;
17        }
18        return 0;
19    }
```

【执行结果】参考图 1-14。

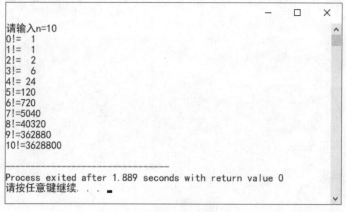

图 1-14

上述例子采用的是一种固定执行次数的迭代法，当遇到一个问题时，如果无法一次以公式求解，又不能确定要执行多少次，就可以使用 while 循环。

while 循环必须加入控制变量的起始值及递增或递减表达式，并且在编写循环过程时必须检查离开循环体的条件是否存在，如果条件不存在，就会让循环体一直执行而无法停止，导致"无限循环"。循环结构通常需要具备以下 3 个要件：

（1）变量初始值。

（2）循环条件判断表达式。

（3）调整变量增减值。

例如：

```
int i=0,sum=0;
while(i<10)
{
    i++;              /* 执行循环一次则加一，控制循环的条件变量 */
    sum=i+sum;
}
printf("%d!=%d",i,sum);
```

当 i 小于 10 时会执行 while 循环体内的语句，所以 i 会加 1，直到 i 等于 10。当条件判断表达式为 false 时，就会跳离循环了。

1.2.6　枚举法

枚举法（又称穷举）是一种常见的数学方法，是我们在日常工作中使用比较多的一种算法，其核心思想就是列举所有的可能。根据问题要求，逐一列举问题的解答，或者为了便于解决问题，把问题分为不重复、不遗漏的有限种情况，逐一列举各种情况并加以解决，最终达到解决整个问题的目的。像枚举法这种分析问题、解决问题的方法，得到的结果总是正确的，缺点是速度太慢。

例如，我们想将 A 与 B 两个字符串连接起来，就是将 B 字符串中的每一个字符从第一个字符开始逐步连接到 A 字符串的最后一个字符，如图 1-15 所示。

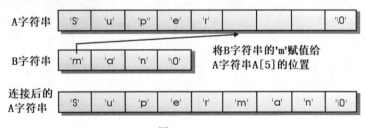

图 1-15

再来看一个例子：1000 依次减去 1，2，3……直到哪一个数时，相减的结果开始为负数？这是很纯粹的枚举法应用，只要按序减去 1，2，3，4，5，6，7，8……?

1000-1-2-3-4-5-6....-? < 0

用 C 语言写成的算法如下：

```
int x;
int num;
x=1;
num=1000;
while (num>=0) /* while 循环 */
{
```

```
        num-=x;
        x=x+1;
    }
    printf("%d",x-1);
```

简单来说，枚举法的核心概念就是将要分析的项目在不遗漏的情况下逐一列举出来，再从所列举的项目中找到自己所需要的目标对象。我们再举一个例子来加深大家的印象，如果我们希望列出 1~500 之间所有 5 的倍数（整数），用枚举法就是从 1 开始到 500 逐一列出所有的整数并枚举，同时检查该枚举的数字是否为 5 的倍数，如果不是，则不加以理会，如果是，则加以输出。

用 C 语言编写的算法如下：

```
for(num=1; num<=500; num++)
    if (num%5 ==0)
        printf("%d 是 5 的倍数\n",num);
```

1.2.7　回溯法

回溯法（Backtracking）也算是枚举法中的一种。对于某些问题而言，回溯法是一种可以找出所有（或一部分）解的一般性算法，同时避免枚举不正确的数值。一旦发现不正确的数值，就不再递归到下一层，而是回溯到上一层，以节省时间，是一种走不通就退回再走的方式。它的特点主要是在搜索过程中寻找问题的解，当发现不满足求解条件时，就回溯（返回），尝试别的路径，避免无效搜索。

例如，老鼠走迷宫就是一种"回溯法"（Backtracking）的应用。老鼠走迷宫问题的陈述是：假设把一只大老鼠放在一个没有盖子的大迷宫盒的入口处,盒中有许多墙使得大部分的路径都被挡住而无法前进。老鼠可以按照尝试错误的方法找到出口。不过，这只老鼠必须具备走错路时就会退回来并把走过的路记下来，避免下次走重复的路，就这样直到找到出口为止。简单来说，老鼠行进时，必须遵守以下 3 个原则。

（1）一次只能走一格。

（2）遇到墙无法往前走时，则退回一步找找看是否有其他的路可以走。

（3）走过的路不会再走第二次。

在编写走迷宫程序之前，我们先来了解如何在计算机中表现一个仿真迷宫的方式。这时可以使用二维数组 MAZE[row][col]，并符合以下规则。

MAZE[i][j] = 1 表示[i][j]处有墙，无法通过；

　　　　　　= 0 表示[i][j]处无墙，可通行；

MAZE[1][1]是入口，MAZE[m][n]是出口。

图 1-16 就是一个使用 10×12 二维数组的仿真迷宫地图。

假设老鼠从左上角的 MAZE[1][1]进入，从右下角的 MAZE[8][10]出来，老鼠当前位置以 MAZE[x][y]表示，那么我们可以将老鼠可能移动的方向表示成如图 1-17 所示。

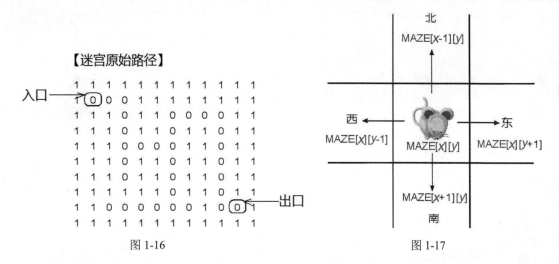

【迷宫原始路径】

```
      1 1 1 1 1 1 1 1 1 1 1
入口→ 1 0 0 0 1 1 1 1 1 1 1
      1 1 1 0 1 1 0 0 0 0 1 1
      1 1 1 0 1 1 0 1 1 0 1 1
      1 1 1 0 0 0 0 1 1 0 1 1
      1 1 1 0 1 1 0 1 1 0 1 1
      1 1 0 0 1 1 0 1 1 0 1 1
      1 1 0 1 1 1 1 1 0 1 1 1
      1 1 0 0 0 0 0 1 0 0 1 →出口
      1 1 1 1 1 1 1 1 1 1 1
```

图 1-16　　　　　　　　　　图 1-17

如图 1-17 所示，老鼠可以选择的方向共有 4 个，分别为东、西、南、北，但并非每个位置都有 4 个方向可以选择，必须看情况来决定，如 T 字形的路口，就只有东、西、南 3 个方向可以选择。

我们可以使用链表来记录走过的位置，并且将走过的位置对应的数组元素内容标记为 2，然后将这个位置放入堆栈再进行下一次的选择。如果走到死胡同并且还没有抵达终点，就退出上一个位置，并退回去直至回到上一个岔路后再选择其他的路。由于每次新加入的位置必定会在堆栈的顶端，因此堆栈顶端指针所指的方格编号便是当前搜索迷宫出口的老鼠所在的位置。如此重复这些动作直至走到出口为止。在图 1-18 和图 1-19 中，以小球来代表迷宫中的老鼠。

图 1-18　　　　　　　　　　图 1-19

上面这样一个迷宫搜索的过程可以用下面的算法来加以描述。

```
01 if(上一格可走)
02 {
03     加入方格编号到堆栈;
04     往上走;
05     判断是否为出口;
```

```
06  }
07  else if(下一格可走)
08  {
09      加入方格编号到堆栈；
10      往下走；
11      判断是否为出口；
12  }
13  else if(左一格可走)
14  {
15      加入方格编号到堆栈；
16      往左走；
17      判断是否为出口；
18  }
19  else if(右一格可走)
20  {
21      加入方格编号到堆栈；
22      往右走；
23      判断是否为出口；
24  }
25  else
26  {
27      从堆栈删除一方格编号；
28      从堆栈中取出一方格编号；
29      往回走；
30  }
```

上面的算法是每次进行移动时所执行的操作，其主要是判断当前所在位置的上、下、左、右是否有可以前进的方格，若找到可前进的方格，则将该方格的编号压入到记录移动路径的堆栈中并向该方格移动；若四周没有可走的方格（第 25 行），也就是当前所在的方格无法走出迷宫，则必须退回到前一格重新检查是否有其他可走的路径。所以在上面算法中的第 27 行会将当前所在位置的方格编号从堆栈中删除，之后第 28 行再弹出的就是前一次所走过的方格编号。

以下是迷宫问题 C 程序的具体实现。

【范例程序：CH01_03.c】

使用堆栈结构来帮助找出老鼠走迷宫的路线，其中 0 表示墙、2 表示入口、3 表示出口、6 表示老鼠走过的路线。

```
01  #include <stdio.h>
02  #include <stdlib.h>
03  #define EAST  MAZE[x][y+1]  /*定义东方的相对位置*/
04  #define WEST  MAZE[x][y-1]  /*定义西方的相对位置*/
05  #define SOUTH MAZE[x+1][y]  /*定义南方的相对位置*/
06  #define NORTH MAZE[x-1][y]  /*定义北方的相对位置*/
07  #define ExitX 8             /*定义出口的 X 坐标在第 8 列*/
08  #define ExitY 10            /*定义出口的 Y 坐标在第 10 行*/
09  struct list
```

```
10    {
11        int x,y;
12        struct list* next;
13    };
14    typedef struct list node;
15    typedef node* link;
16    int MAZE[10][12] = {2,1,1,1,1,0,0,0,1,1,1,1,    /*声明迷宫数组*/
17                        1,0,0,0,1,1,1,1,1,1,1,1,
18                        1,1,1,0,1,1,0,0,0,0,1,1,
19                        1,1,1,0,1,1,0,1,1,0,1,1,
20                        1,1,1,0,0,0,0,1,1,0,1,1,
21                        1,1,1,0,1,1,0,1,1,0,1,1,
22                        1,1,1,0,1,1,0,1,1,0,1,1,
23                        1,1,1,0,1,1,0,0,1,0,1,1,
24                        1,1,0,0,0,0,0,0,1,0,0,1,
25                        1,1,1,1,1,1,1,1,1,1,1,3};
26    link push(link stack,int x,int y)
27    {
28        link newnode;
29        newnode = (link)malloc(sizeof(node));
30        if(!newnode)
31        {
32            printf("Error!内存分配失败!\n");
33            return NULL;
34        }
35        newnode->x=x;
36        newnode->y=y;
37        newnode->next=stack;
38        stack=newnode;
39        return stack;
40    }
41    link pop(link stack,int* x,int* y)
42    {
43        link top;
44        if(stack!=NULL)
45        {
46            top=stack;
47            stack=stack->next;
48            *x=top->x;
49            *y=top->y;
50            free(top);
51            return stack;
52        }
53        else
54            *x=-1;
55        return stack;
56    }
57    int chkExit(int x,int y,int ex,int ey)
58    {
59        if(x==ex&&y==ey)
60        {
61            if(NORTH==1||SOUTH==1||WEST==1||EAST==2)
62                return 1;
63            if(NORTH==1||SOUTH==1||WEST==2||EAST==1)
64                return 1;
65            if(NORTH==1||SOUTH==2||WEST==1||EAST==1)
66                return 1;
67            if(NORTH==2||SOUTH==1||WEST==1||EAST==1)
68                return 1;
```

```
69          }
70      return 0;
71  }
72
73  int main()
74  {
75      int i,j,x,y;
76      link path = NULL;
77      x=1;    /*入口的 X 坐标*/
78      y=1;    /*入口的 Y 坐标*/
79      printf("[迷宫模拟图(0 表示墙,2 表示入口,3 表示出口]\n"); /*打印出迷宫的路径图*/
80      for(i=0;i<10;i++)
81      {
82          for(j=0;j<12;j++)
83              printf("%2d",MAZE[i][j]);
84          printf("\n");
85      }
86      while(x<=ExitX&&y<=ExitY)
87      {
88          MAZE[x][y]=6;
89          if(NORTH==0)
90          {
91              x -= 1;
92              path=push(path,x,y);
93          }
94          else if(SOUTH==0)
95          {
96              x+=1;
97              path=push(path,x,y);
98          }
99          else if(WEST==0)
100         {
101             y-=1;
102             path=push(path,x,y);
103         }
104         else if(EAST==0)
105         {
106             y+=1;
107             path=push(path,x,y);
108         }
109         else if(chkExit(x,y,ExitX,ExitY)==1)  /*检查是否走到出口了*/
110             break;
111         else
112         {
113             MAZE[x][y]=2;
114             path=pop(path,&x,&y);
115         }
116     }
117     printf("--------------------------\n");
118     printf("[6 表示老鼠走过的路线]\n"); /*打印出老鼠走完迷宫后的路径图*/
119     printf("--------------------------\n");
120     for(i=0;i<10;i++)
121     {
122         for(j=0;j<12;j++)
123             printf("%2d",MAZE[i][j]);
124         printf("\n");
125     }
126
```

```
127     return 0;
128 }
```

【执行结果】参考图 1-20。

图 1-20

课后习题

1. 以下 C 程序片段是否相当严谨地表达出算法的含义?

```
count＝0;
while(count＜＞3)
```

2. 在下列程序的循环部分中,实际执行的次数与时间复杂度是什么?

```
for i=1 to n
    for j=i to n
        for k =j to n
            { end of k Loop }
    { end of j Loop }
{ end of i Loop }
```

3. 试证明 $f(n) = a_m n^m + ... + a_1 n + a_0$, 则 $f(n) = O(nm)$。

4. 以下程序的 Big-Oh 是什么?

```
Total=0;
for(i=1; i<=n ; i++)
    total=total+i*i;
```

5. 算法必须符合哪 5 个条件？

6. 试简述分治法的核心思想。

7. 递归至少要定义哪两个条件？

8. 试简述贪心法的主要核心概念。

9. 简述动态规划法与分治法的差异。

10. 什么是迭代法？试简述之。

11. 枚举法的核心概念是什么？试简述之。

12. 回溯法的核心概念是什么？试简述之。

13. 编写一个算法来求取函数 $f(n)$。$f(n)$ 的定义如下：

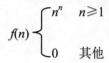

$$f(n) \begin{cases} n^n & n \geqslant 1 \\ 0 & \text{其他} \end{cases}$$

第**2**章

常用数据结构

人们设计和制造计算机的主要原因之一就是用它们来存储和管理一些数字化的数据和信息。当我们要求计算机解决问题时，必须以计算机了解的模式来描述问题。数据结构是数据的表示方法，也就是指计算机中存储数据的方法。我们可以将数据结构看成是在数据处理过程中一种分析、存储、组织数据的方法与逻辑，它考虑到了数据之间的特性与相互关系。简单来说，数据结构的定义就是一种程序设计优化的方法论，不仅讨论到存储的数据，同时也考虑到彼此之间的关系与运算，目的是加快程序的执行速度与减少内存占用的空间。例如，图书馆的书籍管理就是一种数据结构的应用，如图 2-1 所示。

我的书在哪？

图 2-1

2.1 认识数据结构

在信息技术发达的今日，我们日常的生活已经和计算机密不可分了。计算机与数据是息息相关的，并且计算机具有处理速度快与存储容量大两大特点（见图 2-2），因而在数据处理的角色上更为举足轻重。数据结构和相关的算法就是数据进入计算机进行处理的一套完整逻辑。在进行程序设计时，对于要存储和处理的一类数据，程序员必须选择一种数据结构来进行这类数据的添加、修改、删除、存储等操作，如果在选择数据结构时做了错误的决定，那么程序执行起来将可能变得非常低效，如果选错了数据类型，后果就更加不堪设想了。

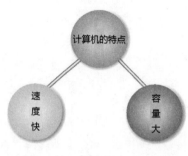

图 2-2

例如，医院会将事先设计好的个人病历表格准备好，当有新的病人上门时，就请他们自行填写，随后管理人员可能按照某种次序（例如姓氏或年龄）将病历表加以分类，然后用文件夹或档案柜加以收藏。日后当病人回诊时，只要询问病人的姓名或年龄，管理人员就可以快速地从文件夹或档案柜中找出病人的病历表。这个档案柜中所存放的病历表就是一种数据结构概念的应用，如图 2-3 所示。

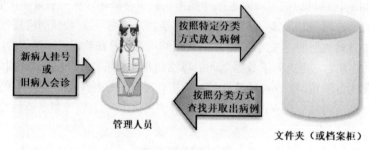

图 2-3

"数据表"（见图 2-4）中的数据结构就是一种二维矩阵，纵的方向称为"列"（Column，或者"栏"），横的方向称为"行"（Row），每一张数据表的最上面一行用来存放数据项的名称，称为"字段名"（Field Name），而除了字段名这一行之外，其他都用来存放一项项数据，称之为"值"（Value）。

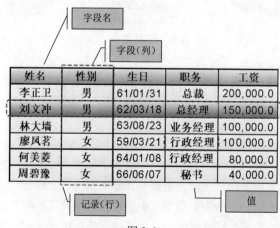

图 2-4

数据与信息

谈到数据结构，首先必须了解什么是数据（Data）与信息（Information）。从字义上来看，数据（Data）指的是一种未经处理的原始文字（Word）、数字（Number）、符号（Symbol）或图形（Graph）等。我们可将数据分为两大类：一类为数值数据（Numeric Data），例如 0, 1, 2, 3, …, 9 等所组成的可用运算符（Operator）来进行运算的数据；另一类为字符数据（Alphanumeric Data），像 A, B, C, …, +,*等非数值数据（Non-Numeric Data）。例如，姓名或我们常看到的课表、通讯录等都可泛称是一种"数据"（Data）。

信息（Information）就是利用大量的数据，经过有系统的整理、分析、筛选处理而提炼出来的，且具有参考价格以及提供决策依据的文字、数字、符号或图表。在近代的"信息革命"浪潮中，如何掌握信息、利用信息可以说是个人或事业团体发展成功的重要原因。充分发挥计算机的优势，更能让信息的价值发挥到淋漓尽致的境界。

不过，大家可能会有疑问："那么数据和信息的角色是否绝对一成不变呢？"这倒也不一定，同一份文件可能在某种情况下为数据，而在另一种情况下为信息。例如，"广州市每周的平均气温是 25℃"，这段文字只是陈述事实的一种数据，我们并无法判定广州市是一个炎热或者凉爽的城市。

例如，一个学生的语文成绩是 90 分，我们可以说这是一项成绩的数据，不过无法判断它具备什么含义。如果经过排序（Sorting）等处理，就可以知道这个学生语文成绩在班上同学中的名次，也就清楚了在这班学生中成绩相对的优良程度，这时它就成为一种信息，而排序是数据结构的一种应用。

从严谨的角度来形容"数据处理"，就是用人力或机器设备对数据进行系统的整理，如记录、排序、合并、计算、统计等，以使原始的数据符合需求，成为有用的信息。图 2-5 所示即为使用计算机进行数据处理的过程。

图 2-5

数据结构主要是表示数据在计算机内存中所存储的位置及其模式，通常可以分为以下 3 种类型。

（1）基本数据类型（Primitive Data Type）

不能以其他类型来定义的数据类型，或称为标量数据类型（Scalar Data Type），几乎所有的程序设计语言都会为标量数据类型提供一组基本数据类型，例如 C 语言中的基本数据类型就包括了 int、float、double、char、void 等。

（2）结构化数据类型（Structured Data Type）

结构化数据类型也称为虚拟数据类型（Virtual Data Type），是一种比基本数据类型更高一级的数据类型，例如字符串（String）、数组（Array）、指针（Pointer）、列表（List）、文件（File）等。

（3）抽象数据类型（Abstract Data Type，ADT）

我们可以将一种数据类型看成是一种值的集合，以及在这些值上所进行的运算及其所代表的属性所成的集合。"抽象数据类型"（Abstract Data Type，ADT）比结构数据类型更高级，是指一个数学模型以及定义在此数学模型上的一组数学运算或操作。也就是说，ADT 在计算机中表示的是一种"信息隐藏"（Information Hiding）的程序设计思想以及信息之间某一种特定的关系模式。例如，堆栈（Stack）就是一种典型数据抽象类型，具有后进先出（Last In First Out）的数据操作方式。

2.2 数据结构的种类

数据结构可通过程序设计语言所提供的数据类型、引用及其他操作加以实现，我们知道一个程序能否快速而高效地完成预定的任务取决于是否选对了数据结构，而程序是否能清楚而正确地把问题解决则取决于算法，所以我们可以认为"数据结构加上算法等于高效的可执行程序"，如图 2-6 所示。

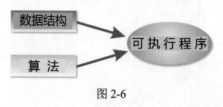

图 2-6

不同种类的数据结构适合于不同种类的应用，选择适当的数据结构是让算法发挥最大效能的主要考虑因素，精心选择的数据结构可以带来最优效率的算法。然而，不管是哪种情况，数据结构的选择都是至关重要的。下面我们将为大家介绍一些常见的数据结构。

2.2.1 数组

"数组"（Array）结构其实就是一排紧密相邻的可数内存，并提供了一个能够直接访问单一数据内容的计算方法。我们其实可以想象一下自家的信箱，每个信箱都有住址，其中路名就是名称，而信箱号码就是索引（注：在数组中也称为"下标"），如图 2-7 所示。邮递员可以按照信件上的住址把信件直接投递到指定的信箱中，这就好比程序设计语言中数组的名称表示一块紧密相邻内存的起始位置，而数组的索引（或下标）功能则用来表示从此内存起始位置的第几个区块。

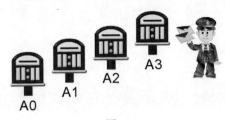

图 2-7

通常数组的使用可以分为一维数组、二维数组与多维数组等，其基本的工作原理都相同。例如，下面的 C 语言语句声明了一个名称为 Score、长度为 5 的数组（Array，示意图如图 2-8 所示）：

```
int Score[5];
```

图 2-8

1．二维数组

二维数组（Two-dimension Array）可视为一维数组的扩展，都是用于处理数据类型相同的数据，差别只在于维数的声明。例如，一个含有 $m*n$ 个元素的二维数组 A (1:m, 1:n)，m 代表行数，n 代表列数。例如，A[4][4]数组中各个元素在直观平面上的排列方式如图 2-9 所示。

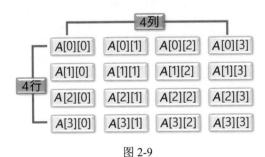

图 2-9

在 C 语言中，二维数组的声明格式如下：

```
数据类型 二维数组名[行大小][列大小];
```

以数组 number [2][3]来说明，number 为一个 2 行 3 列的二维数组，也可以视为 2*3 的矩阵。在存取二维数组中的元素时，使用的索引值仍然是从 0 开始计算。在二维数组设置初始值时，为了方便区分行与列，除了最外层的{}外，最好以{}括住每一行元素的初始值，并以“,”隔开每个数组元素，语法如下：

数据类型 数组名[*n*][列大小]={ {第 0 行初值},{第 1 行初值},…,{第 *n*-1 行初值} }

例如：

```
int number [2][3]={{1,2,3},{2,3,4}};
```

上面的 number[0]或称为第一行的索引，存放着另一个数组；number[1]或称为第二行的索引，存放着另一个数组，以此类推。第一行索引有 3 列，分别存放着 3 个元素，其位置 number[0][0]存储着数值 1，number[0][1]存储着数值 2，以此类推。所以 number 是 2*3 的二维数组，其行和列的索引示意如表 2-1 所示。

表 2-1　2*3 的二维数组示意

	列索引[0]	列索引[1]	列索引[2]
行索引[0]	1	2	3
行索引[1]	2	3	4

2．三维数组

现在让我们来看看三维数组（Three-dimension Array）。基本上三维数组的表示法和二维数组一样，都可视为一维数组的延伸，如果数组为三维数组，就可以看作是一个立方体。

将 arr[2][3][4]三维数组想象成空间上的立方体，如图 2-10 所示。

例如，在 C 语言中三维数组声明的方式如下：

```
int num[2][3][3]={{{33,45,67},
                   {23,71,56},
                   {55,38,66}},
                  {{21,9,15 },
                   {38,69,18},
                   {90,101,89}}};//声明三维数组
```

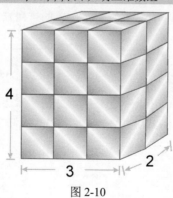

图 2-10

2.2.2　链表

链表（Linked List）是由许多相同数据类型的数据项按特定顺序排列而成的线性表。链表的特性是各个数据项在计算机内存中的位置是不连续且随机（Random）存放的，其优点是数据的插入

或删除都相当方便，有新数据加入就向系统申请一块内存空间，而数据被删除后，就可以把这块内存空间还给系统，加入和删除都不需要移动大量的数据。其缺点就是设计数据结构时较为麻烦，并且在查找数据时也无法像静态数据（如数组）那样可随机读取数据，必须按序查找到该数据为止。

日常生活中有许多链表的抽象运用，例如可以把"单向链表"想象成火车（见图 2-11），有多少人就挂多少节对应的车厢，当假日人多时，需要较多车厢时就可多挂些车厢，人少时就把车厢数量减少，十分具有弹性。

图 2-11

在动态分配内存空间时，最常使用的就是"单向链表"（Single Linked List）。一个单向链表节点基本上是由数据字段和指针两个元素所组成的，指针将会指向下一个元素在内存中的地址，如图 2-12 所示。

| 1 | 数据字段 |
| 2 | 指针 |

图 2-12

在"单向链表"中第一个节点是"链表头指针"，指向最后一个节点的指针设为 NULL，表示它是"链表尾"，不指向任何地方。例如，列表 A={a, b, c, d, x}，其单向链表的数据结构如图 2-13 所示。

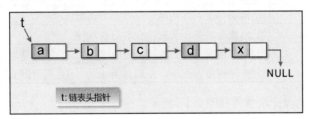

图 2-13

由于单向链表中所有节点都知道节点本身的下一个节点在哪里，但是对于前一个节点却没有办法知道，所以在单向链表的各种操作中，"链表头指针"就显得相当重要，只要存在链表头指针，就可以遍历整个链表、进行加入和删除节点等操作。注意，除非必要，否则不可移动链表头指针。

2.2.3 堆栈

堆栈（Stack）是一群相同数据形态的组合，所有的动作均在顶端进行，具有"后进先出"（Last In First Out，LIFO）的特性。所谓"后进先出"的概念，其实就如同自助餐中餐盘从桌面往上一个一个叠放，顾客取用时则从最上面的餐盘开始拿，如图 2-14 所示，这就是典型堆栈概念的应用。

图 2-14

堆栈是一种抽象型数据结构（Abstract Data Type，ADT），具有下列特性（参考图 2-15）：

（1）只能从堆栈的顶端存取数据。

（2）数据的存取符合"后进先出"的原则。

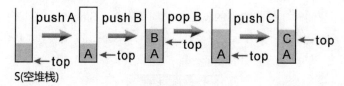

图 2-15

堆栈的基本运算如表 2-2 所示。

表 2-2 堆栈的基本运算

运算	说明
create	创建一个空堆栈
push	把数据存压入堆栈顶端，并返回新堆栈
pop	从堆栈顶端弹出数据，并返回新堆栈
empty	判断堆栈是否为空堆栈，是则返回 true，不是则返回 false
full	判断堆栈是否已满，是则返回 true，不是则返回 false

堆栈 push 和 pop 的操作示意图如图 2-16 所示。

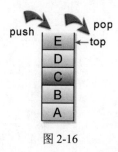

图 2-16

2.2.4 队列

队列（Queue）和堆栈都是有序列表，也属于抽象型数据类型（ADT），所有加入与删除的动作都发生在不同的两端，并且符合"First In First Out"（先进先出）的特性。队列的概念就好比乘坐火车时买票的队伍，先到的人自然可以优先买票，买完票后就从前端离去准备乘坐火车，而队伍的后端又陆续有新的乘客加入，如图 2-17 所示。

图 2-17

队列在计算机领域的应用也相当广泛，如计算机的模拟（Simulation）、CPU 的作业调度（Job Scheduling）、外围设备联机并发处理系统（Spooling）的应用与图形遍历的广度优先搜索法（BFS）。堆栈只需一个顶端 top，指针指向堆栈顶端；而队列则必须使用 front 和 rear 两个指针分别指向队列前端和队列尾端，如图 2-18 所示。

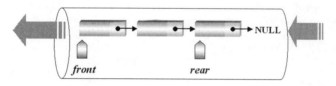

图 2-18

队列是一种抽象数据结构，具有下列特性：

（1）具有先进先出（FIFO）的特性。

（2）拥有两种基本操作，即加入与删除，而且使用 front 与 rear 两个指针分别指向队列的前端与末尾。

队列的基本运算如表 2-3 所示。

表 2-3　队列的基本运算

运算	说明
Create	建立空队列
Add	将新数据加入队列的尾端，返回新队列
Delete	删除队列前端的数据，返回新队列
Front	返回队列前端的值
Empty	若队列为空集合，则返回 true，否则返回 false

2.3　树结构

树结构（或称为树形结构）是一种日常生活中应用相当广泛的非线性结构，包括企业内的组织结构、家族的族谱、篮球赛程等。另外，在计算机领域中的操作系统与数据库管理系统都是树结构，比如 Windows、UNIX 操作系统和文件系统均是树结构的应用。图 2-19 所示是 Windows 的文件资源管理器，就是以树结构来存储各种文件的。

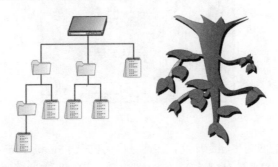

图 2-19

例如，在年轻人喜爱的大型网络游戏中，需要获取某些物体所在的地形信息，如果程序是依次从构成地形的模型三角面寻找，往往就会耗费许多运行时间，非常低效。因此，程序员一般会使用树结构中的二叉空间分割树（BSP tree）、四叉树（Quadtree）、八叉树（Octree）等来代表分割场景的数据，如图 2-20 和图 2-21 所示。

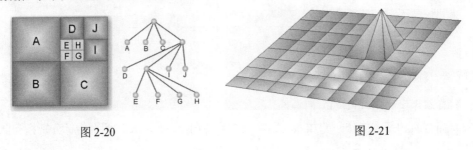

图 2-20　　　　　　　　　　　　　　　　　　　　图 2-21

2.3.1　树的基本概念

树（Tree）是由一个或一个以上的节点（Node）组成的。树中存在一个特殊的节点，称为树根（Root）。每个节点都是一些数据和指针组合而成的记录。除了树根，其余节点可分为 $n \geq 0$ 个互斥的集合，即 $T_1, T_2, T_3, ..., T_n$，其中每一个子集合本身也是一种树结构，即此根节点的子树。在图 2-22 中，A 为根节点，B、C、D、E 均为 A 的子节点。

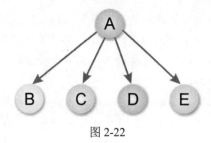

图 2-22

一棵合法的树，节点间虽可以互相连接，但不能形成无出口的回路。例如，图 2-23 就是一棵不合法的树。

树还可组成森林（Forest）。也就是说，森林是由 n 个互斥树的集合（$n \geq 0$）移去树根形成的。图 2-24 所示就是包含了 3 棵树的森林。

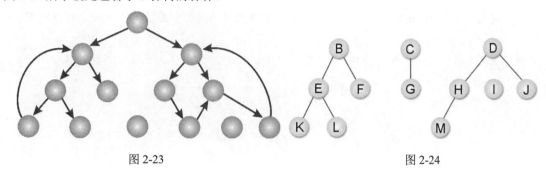

图 2-23   图 2-24

2.3.2 树结构专有名词的简介

在树结构中，有许多常用的专有名词，本小节将以图 2-25 中这棵合法的树来为大家详细介绍。

- 度数（Degree）：每个节点所有子树的个数。例如，图 2-25 中节点 B 的度数为 2，D 的度数为 3，F、K、I、J 等的度数为 0。
- 层数（Level）：树的层数，假设树根 A 为第一层，那么 B、C、D 节点的层数为 2，E、F、G、H、I、J 的层数为 3。
- 高度（Height）：树的最大层数。图 2-25 所示的树的高度为 4。
- 树叶或称终端节点（Terminal Node）：度数为零的节点就是树叶。例如，图 2-25 中的 K、L、F、G、M、I、J 就是树叶；图 2-26 则有 4 个树叶节点，即 E、C、H、I。

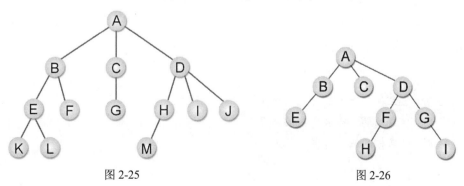

图 2-25   图 2-26

- 父节点（Parent）：与一个节点连接的上一层节点。在图 2-25 中，F 的父节点为 B，而 B 的父节点为 A。通常我们在绘制树形图时，会将父节点画在子节点的上方。
- 子节点（Children）：与一个节点连接的下一层节点。还是看图 2-25，A 的子节点为 B、C、D，而 B 的子节点为 E、F。
- 祖先（Ancestor）和子孙（Descendent）：所谓祖先，是指从树根到该节点路径上所包含的节点，而子孙则是在该节点往下追溯子树中的任一节点。在图 2-25 中，K 的祖先为 A、B、E 节点，H 的祖先为 A、D 节点，节点 B 的子孙为 E、F、K、L。
- 兄弟节点（Sibling）：有共同父节点的节点。在图 2-25 中，B、C、D 为兄弟节点，H、I、J 也为兄弟节点。
- 非终端节点（Nonterminal Node）：树叶以外的节点，如图 2-25 中的 A、B、C、D、E、H 等。
- 同代（Generation）：在同一棵树中具有相同层数的节点，如图 2-25 中的 E、F、G、H、I、J，或是 B、C、D。
- 森林（Forest）：n 棵（$n \geqslant 0$）互斥树的集合。例如，图 2-27 为包含 3 棵树的森林。

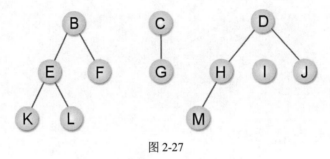

图 2-27

2.3.3 二叉树

一般树结构在计算机内存中的存储方式是以链表（Linked List）为主的。对于 n 叉树（n-way 树）来说，因为每个节点的度数都不相同，所以我们必须为每个节点都预留存放 n 个链接字段的最大存储空间。每个节点的数据结构如下：

data	link$_1$	link$_2$		link$_n$

请大家特别注意，这种 n 叉树十分浪费链接存储空间。假设此 n 叉树有 m 个节点，那么此树共有 $n*m$ 个链接字段。另外，因为除了树根外，每一个非空链接都指向一个节点，所以可知空链接个数为 $n*m - (m-1) = m*(n-1) + 1$，而 n 叉树的链接浪费率为 $\dfrac{m*(n-1)+1}{m*n}$。因此，我们可以得出以下结论：

- $n=2$ 时，2 叉树的链接浪费率约为 1/2;
- $n=3$ 时，3 叉树的链接浪费率约为 2/3;
- $n=4$ 时，4 叉树的链接浪费率约为 3/4;
- ……

因为当 $n = 2$ 时，它的链接浪费率最低，所以为了改进存储空间浪费的缺点，我们经常使用二叉树（Binary Tree）结构来取代其他树结构。

二叉树（又称为 Knuth 树）是一个由有限节点所组成的集合。此集合可以为空集合，或者由一个树根及其左右两个子树所组成。简单地说，二叉树最多只能有两个子节点，就是度数小于或等于 2。其计算机中的数据结构如下：

二叉树和一般树的不同之处整理如下：

（1）树不可为空集合，但是二叉树可以。

（2）树的度数为 $d \geq 0$，但二叉树的节点度数为 $0 \leq d \leq 2$。

（3）树的子树间没有次序关系，二叉树则有。

下面我们来看一棵实际的二叉树（见图 2-28）。

图 2-28 是以 A 为根节点的二叉树，且包含了以 B、D 为根节点的两棵互斥的左子树和右子树，如图 2-29 所示。

图 2-28   图 2-29

以上这两棵左右子树都属于同一种树结构，不过却是两棵不同的二叉树结构，原因就是二叉树必须考虑前后次序的关系，这点大家要特别注意。

2.4 图论简介

树结构描述节点与节点之间"层次"的关系，图结构（见图 2-30）讨论两个顶点之间"连通与否"的关系。在图中连接两顶点的边如果填上加权值（成本），则称这类图为"网络"。

图 2-30

图论（Graph Theory）起源于 1736 年，是一位瑞士数学家欧拉（Euler）为了解决"哥尼斯堡"问题所想出来的一种数据结构理论，这就是著名的"七桥问题"（见图 2-31）。简单来说，就是有七座横跨四个城市的大桥。欧拉所思考的问题是这样的，"是否有人在只经过每一座桥梁一次的情况下，把所有地方都走过一次而且回到原点。"

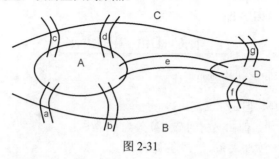

图 2-31

欧拉当时使用的方法就是以图结构来进行分析的。他以顶点表示城市，以边表示桥梁，并定义连接每个顶点的边数为该顶点的度数。于是可以用图 2-32 所示的简图来表示"哥尼斯堡桥梁"问题。

最后欧拉得出一个结论："当所有顶点的度数都为偶数时，才能从某顶点出发，经过每条边一次，再回到起点。"也就是说，在图 2-32 中每个顶点的度数都是奇数，所以欧拉所思考的问题是不可能发生的，这个就是有名的"欧拉环"（Eulerian Cycle）理论。

但是，如果条件改成从某顶点出发，经过每条边一次，不一定要回到起点，即只允许其中两个顶点的度数是奇数，其余必须为偶数，符合这样的结果就称为欧拉链（Eulerian Chain），如图 2-33 所示。

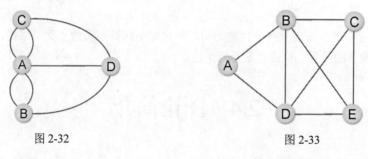

图 2-32　　　　　　　　　　　　　　　图 2-33

图的定义

图是由"顶点"和"边"所组成的集合，通常用 $G = (V, E)$ 来表示，其中 V 是所有顶点组成的集合，而 E 代表所有边组成的集合。图的种类有两种：一种是无向图；另一种是有向图。无向图以 (V_1, V_2) 表示其边，有向图则以 $<V_1, V_2>$ 表示其边。

1. 无向图

无向图（Graph）是一种边没有方向的图，即具有相同边的两个顶点没有次序关系，例如 (V_1, V_2) 与 (V_2, V_1) 代表的是相同的边，如图 2-34 所示。

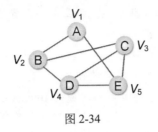

图 2-34

```
V={A,B,C,D,E}
E={(A,B),(A,E),(B,C),(B,D),(C,D),(C,E),(D,E)}
```

2. 有向图

有向图（Digraph）是一种每一条边都可使用有序对<V_1, V_2>来表示的图，并且<V_1, V_2>与<V_2, V_1>是表示两个方向不同的边，而所谓<V_1, V_2>，是指 V_1 为尾端指向为头部的 V_2，如图 2-35 所示。

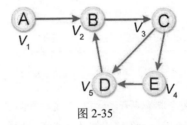

图 2-35

```
V={A,B,C,D,E}
E={<A,B>,<B,C>,<C,D>,<C,E>,<E,D>,<D,B>}
```

2.5　哈希表

哈希表是一种存储记录的连续内存，通过哈希函数的应用，可以快速存取与查找数据。基本上，所谓哈希法（Hashing）就是将本身的键（Key），通过特定的数学函数运算或使用其他的方法，转换成相对应的数据存储地址，如图 2-36 所示。注：哈希法所使用的数学函数称为"哈希函数"（Hashing Function）。另外，Key 在不混淆"键-值对"（Key-Value Pair）时也可以称之为键值。

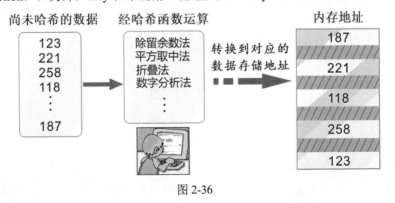

图 2-36

先来了解一下有关哈希函数的相关名词：

- Bucket（桶）：哈希表中存储数据的位置，每一个位置对应唯一的地址（Bucket Address）。桶就好比存在一个记录的位置。
- Slot（槽）：每一个记录中可能包含多个字段，而 Slot 指的就是"桶"中的字段。
- Collision（碰撞）：两个不同的数据经过哈希函数运算后对应到相同的地址。
- 溢出：如果数据经过哈希函数运算后所对应的 Bucket 已满，就会使 Bucket 发生溢出。
- 哈希表：存储记录的连续内存。哈希表是一种类似数据表的索引表格，其中可分为 *n* 个 Bucket，每个 Bucket 又可分为 *m* 个 Slot，如表 2-4 所示。

表 2-4　哈希表

索引	姓名	电话
0001	Allen	07-772-1234
0002	Jacky	07-772-5525
0003	May	07-772-6604

Bucket→ （左侧标注）

↑slot　　　↑slot

- 同义词（Synonym）：当两个标识符 I1 和 I2 经过哈希函数运算后所得的数值相同，即 f(I1) = f(I2)，就称 I1 与 I2 对于 f 这个哈希函数是同义词。
- 加载密度（Loading Factor）：标识符的使用数目除以哈希表内槽的总数，即

α（加载密度）= *n*（标识符的使用数目）/ [*s*（每一个桶内的槽数）* *b*（桶的数目）]
α 值越大，表示哈希空间的使用率越高，碰撞或溢出的概率也会越高。

- 完美哈希（Perfect Hashing）：没有碰撞也没有溢出的哈希函数。

在设计哈希函数时应该遵循以下原则：

（1）避免碰撞和溢出的发生。
（2）哈希函数不宜过于复杂，越容易计算越佳。
（3）尽量把文字的键值转换成数字的键值，以利于哈希函数的运算。
（4）所设计的哈希函数计算得到的值尽量能均匀地分布在每一桶中，不要过于集中在某些桶中，这样既可以降低碰撞又能减少溢出。

课后习题

1. 解释抽象数据类型。
2. 简述数据与信息的差异。
3. 数据结构主要是表示数据在计算机内存中所存储的位置和模式，通常可以分为哪三种类型？
4. 试简述一个单向链表节点字段的组成。

5. 简要说明堆栈与队列的主要特性。

6. 什么是欧拉链理论? 试绘图说明。

7. 解释下列哈希函数的相关名词。

（1）桶（Bucket）

（2）同义字

（3）完美哈希

（4）碰撞

8. 一般树结构在计算机内存中的存储方式是以链表为主的，对于 n 叉树来说，我们必须取 n 为链接个数的最大固定长度,试说明为了改进存储空间浪费的缺点为何经常使用二叉树结构来取代树结构。

第3章

排序算法

排序（Sorting）算法几乎可以说是最常使用到的一种算法，其目的是将一串不规则的数据按照递增或递减的方式重新排列。随着大数据和人工智能（Artificial Intelligence，AI）技术的普及和应用，企业所拥有的数据量都在成倍增长，排序算法成为不可或缺的重要工具之一。即使在大家爱玩的各种电子游戏中，排序算法也无处不在。例如，在游戏中，在处理多边形模型中隐藏面消除的过程时，不管场景中的多边形有没有挡住其他的多边形，只要按照从后到前的顺序光栅化图形就可以正确地显示出所有可见的图形。其实就是可以沿着观察方向，按照多边形的深度信息对它们进行排序处理，如图 3-1 所示。

图 3-1

提　示
光栅处理的主要作用是将 3D 模型转换成能够被显示于屏幕的图像，并对图像进行修正和进一步美化处理，让展现在眼前的画面能更加逼真与生动。 人工智能的概念最早是由美国科学家 John McCarthy 于 1955 年提出的，目标是使计算机具有类似人类学习解决复杂问题与进行思考的能力。简单地说，人工智能就是由计算机所仿真或执行的具有类似人类智慧或思考的行为，如推理、规划、解决问题及学习等能力。

3.1 认识排序

排序（Sorting）功能对于计算机相关领域而言是一项非常重要并且普遍的工作。所谓排序，就是指将一组数据，按特定规则调换位置，使数据具有某种顺序关系（递增或递减）。用以排序的依据被称为键（Key，或键值）。通常，键值的数据类型有数值类型、中文字符串类型以及非中文字符串类型三种。

在比较的过程中，如果键值为数值类型，就直接以数值的大小作为键值大小比较的依据；如果键值为中文字符串，就按照该中文字符串从左到右逐字进行比较，并以该中文内码（例如：中文繁体 BIG5 码、中文简体 GB 码）的编码顺序作为键值大小比较的依据。假设该键值为非中文字符串，则和中文字符串类型的比较方式类似，仍然按照该字符串从左到右逐字比较，不过是以该字符串的 ASCII 码的编码顺序作为键值大小比较依据的。

在排序的过程中，数据的移动方式可分为"直接移动"和"逻辑移动"两种。"直接移动"是直接交换存储数据的位置，而"逻辑移动"并不会移动数据存储的位置，仅改变指向这些数据的辅助指针的值，如图 3-2 和图 3-3 所示。

键值

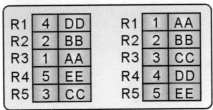

图 3-2

原来的指针　　排序后的指针

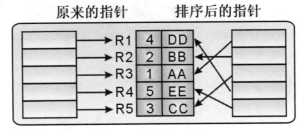

图 3-3

两者之间的优缺点在于直接移动会浪费许多时间，而逻辑移动只要改变辅助指针指向的位置就能轻易达到排序的目的。例如，在数据库中，可在报表中显示多个记录，也可以针对这些字段的特性进行分组并排序与汇总，这就属于逻辑移动，而不是直接改变数据在数据文件中的位置。数据在经过排序后会有以下好处。

（1）数据容易阅读。

（2）数据利于统计和整理。

（3）可大幅减少数据查找的时间。

排序的各种算法称得上是数据科学这门学科的精髓所在。每一种排序方法都有其适用的情况与数据类型。

3.2 冒泡排序法

冒泡排序法又称为交换排序法，是从观察水中气泡变化构思而成的，原理是从第一个元素开始，比较相邻元素的大小，若大小顺序有误，则对调后再进行下一个元素的比较，就仿佛气泡从水底逐渐升到水面上一样。如此扫描过一次之后就可确保最后一个元素位于正确的顺序，接着逐步进行第二次扫描，直到完成所有元素的排序关系为止。

下面使用数列（55,23,87,62,16）来演示从小到大的排序过程。这样大家就可以清楚地知道冒泡排序法的具体流程了。

原始数据如图 3-4 所示。

图 3-4

① 第一次扫描会先拿第一个元素 55 和第二个元素 23 进行比较，如果第二个元素小于第一个元素，则进行互换；接着拿 55 和 87 进行比较，就这样一直比较并互换，到第 4 次比较完后即可确定最大值在数组的最后面，如图 3-5 所示。

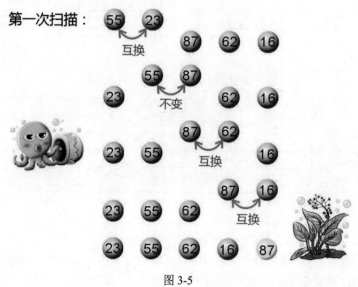

图 3-5

② 第二次扫描也是从头比较，但因为最后一个元素在第一次扫描就已确定是数组中的最大值，所以只需比较 3 次即可把剩余数组元素的最大值排到剩余数组的最后面，如图 3-6 所示。

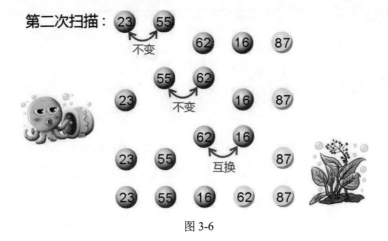

图 3-6

③ 第三次扫描只需要比较两次，如图 3-7 所示。

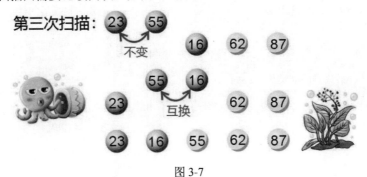

图 3-7

④ 第四次扫描完成后就完成了所有的排序，如图 3-8 所示。

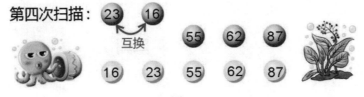

图 3-8

由此可知，5 个元素的冒泡排序法必须执行 5-1 次扫描，第一次扫描需要比较 5-1 次，第二次扫描比较 5-1-1 次，以此类推，共比较 4+3+2+1=10 次。

【范例程序：CH03_01.c】

设计一个 C 程序，使用冒泡排序法来对以下数列进行排序，并输出逐次排序的过程：

```
16,25,39,27,12,8,45,63
```

```
01    #include <stdio.h>
02    #include <stdlib.h>
03
04    int main()
05    {
```

```
06        int i,j,tmp;
07        int data[8]={16,25,39,27,12,8,45,63};       /* 原始数据 */
08        printf("冒泡排序法：\n 原始数据为：");
09        for (i=0;i<8;i++)
10            printf("%3d",data[i]);
11        printf("\n");
12
13        for (i=7;i>=0;i--)                    /* 扫描次数 */
14        {
15            for (j=0;j<i;j++)                 /*比较、交换次数*/
16            {
17                if (data[j]>data[j+1])        /* 比较相邻两数，若第一个数较大则交换 */
18                {
19                    tmp=data[j];
20                    data[j]=data[j+1];
21                    data[j+1]=tmp;
22                }
23            }
24            printf("第 %d 次排序后的结果是：",8-i); /*把各次扫描后的结果打印出来*/
25            for (j=0;j<8;j++)
26                printf("%3d",data[j]);
27            printf("\n");
28        }
29        printf("最终排序的结果为：");
30        for (i=0;i<8;i++)
31            printf("%3d",data[i]);
32        printf("\n");
33
34        system("pause");
35        return 0;
36    }
```

【执行结果】参考图 3-9。

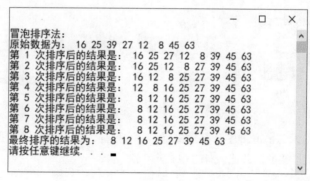

图 3-9

3.3　选择排序法

选择排序法（Selection Sort）也算是枚举法的应用，就是反复从未排序的数列中取出最小的元素，加入到另一个数列中，最后的结果即为已排序的数列。选择排序法可使用两种方式排序，即在所有的数据中，若从大到小排序，则将最大值放入第一个位置；若从小到大排序，则将最大值放入最后一个位置。例如，一开始在所有的数据中挑选一个最小项放在第一个位置（假设是从小到大排序），再从第二项开始挑选一个最小项放在第 2 个位置，以此重复，直到完成排序为止。

　　下面我们仍然用数列（55,23,87,62,16）从小到大的排序过程来说明选择排序法的演算流程。原始数据如图 3-10 所示，排序过程如图 3-11 到图 3-14 所示。

图 3-10

① 首先找到此数列中的最小值，并与数列中的第一个元素交换，如图 3-11 所示。

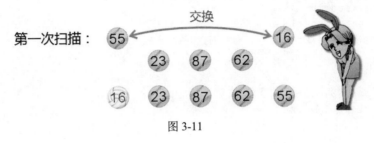

图 3-11

② 从第二个值开始找，找到此数列中（不包含第一个）的最小值，再与第二个值交换，如图 3-12 所示。

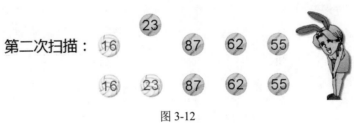

图 3-12

③ 从第三个值开始找，找到此数列中（不包含第一、二个）的最小值，再与第三个值交换，如图 3-13 所示。

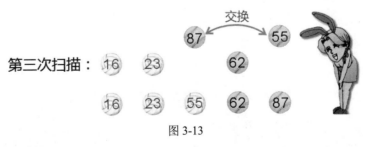

图 3-13

④ 从第四个值开始找，找到此数列中（不包含第一、二、三个）的最小值，再与第四个值交换，如图 3-14 所示。

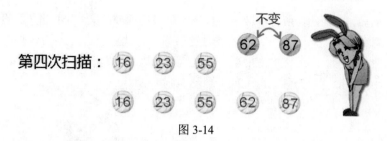

第四次扫描： 16 23 55

16 23 55 62 87

图 3-14

【范例程序：CH03_02.c】

设计一个 C 程序，并使用选择排序法对以下数列进行排序：

16,25,39,27,12,8,45,63

```
01    #include <stdio.h>
02    #include <stdlib.h>
03    void select (int *);      /*声明排序法子程序*/
04    void showdata (int *);     /*声明打印数组子程序*/
05
06    int main()
07    {
08        int data[8]={16,25,39,27,12,8,45,63};
09        printf("原始数据为：");
10
11        showdata(data) ;
12        printf("----------------------------------\n");
13        select (data);
14        printf("最终排序的结果为：");
15        showdata(data) ;
16
17        return 0;
18    }
19    void showdata (int data[])
20    {
21        int i;
22        for (i=0;i<8;i++)
23            printf("%3d",data[i]);
24        printf("\n");
25    }
26
27    void select (int data[])
28    {
29        int i,j,tmp;
30        for(i=0;i<7;i++)     /*扫描 5 次*/
31        {
32            for(j=i+1;j<8;j++)   /*从 i+1 比较起，比较 5 次*/
33            {
34                if(data[i]>data[j])  /*比较第 i 个和第 j 个元素*/
35                {
36                    tmp=data[i];
37                    data[i]=data[j];
38                    data[j]=tmp;
39                }
40            }
41            showdata(data);
```

```
42          }
43      printf("\n");
44  }
```

【执行结果】参考图 3-15。

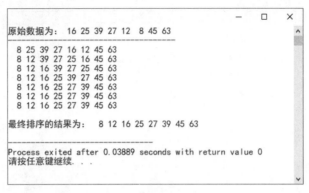

图 3-15

3.4　插入排序法

插入排序法（Insert Sort）是将数组中的元素逐一与已排序好的数据进行比较，先将前两个元素先排好，再将第三个元素插入适当的位置，也就是说这三个元素仍然是已排序好的，接着将第四个元素加入，重复此步骤，直到排序完成为止。可以看作是在一串有序的记录 $R_1,R_2,...,R_i$ 中，插入新记录 R，使得 $i+1$ 个记录排序妥当。

下面我们仍然用数列（55,23,87,62,16）从小到大的排序过程来说明插入排序法的演算流程。在图 3-16 中，在步骤二以 23 为基准与其他元素比较后，将其放到适当位置（55 的前面），步骤三是将 87 与其他两个元素比较，接着 62 在比较完前三个数后插到 87 的前面，以此类推，将最后一个元素比较完后就完成了排序。

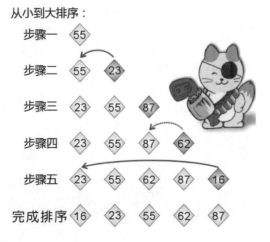

图 3-16

【范例程序：CH03_03.c】

设计一个 C 程序，输入以下的数列，并使用插入排序法对它们进行排序：

16,25,39,27,12,8,45,63

```
01    #include <stdio.h>
02    #define SIZE 8              /*定义数组大小*/
03    void inser (int *);        /*声明插入排序法子程序*/
04    void showdata (int *);     /*声明打印数组子程序*/
05    void inputarr (int *,int);  /*声明输入数组子程序*/
06
07    int main(void)
08    {
09        int data[SIZE];
10        inputarr(data,SIZE);       /*把数组名及数组大小传给子程序*/
11        printf("您输入的原始数据是: ");
12        showdata (data);
13        inser(data);
14        printf("最终排序的结果为: ");
15        showdata (data);
16        system("pause");
17        return 0;
18    }
19
20    void inputarr(int data[],int size)
21    {
22        int i;
23        for (i=0;i<size;i++)       /*利用循环输入数组数据*/
24        {
25            printf("请输入第 %d 个元素: ",i+1);
26            scanf("%d",&data[i]);
27        }
28    }
29    void showdata(int data[])
30    {
31        int i;
32        for (i=0;i<SIZE;i++)
33            printf("%3d",data[i]);     /*打印数组数据*/
34        printf("\n");
35    }
36    void inser(int data[])
37    {
38        int i;      /*i 为扫描次数*/
39        int j;      /*以 j 来定位比较的元素*/
40        int tmp;    /*tmp 用来暂存数据*/
41        for (i=1;i<SIZE;i++)   /*扫描循环次数为 SIZE-1*/
42        {
43            tmp=data[i];
44            j=i-1;
45            while (j>=0 && tmp<data[j])   /*如果第 2 个元素小于第 1 个元素*/
46            {
47                data[j+1]=data[j];            /*就把所有元素往后推一个位置*/
48                j--;
49            }
50            data[j+1]=tmp;                  /*最小的元素放到第 1 个位置*/
```

```
51              printf("第 %d 次扫描: ",i);
52              showdata(data);
53          }
54      }
```

【执行结果】参考图 3-17。

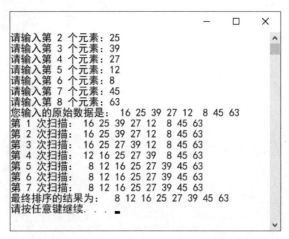

图 3-17

3.5　希尔排序法

我们知道当原始记录的键值大部分已排好序的情况下插入排序法会非常有效率，因为它不需要执行太多的数据搬移操作。"希尔排序法"是 D. L. Shell 在 1959 年 7 月所发明的一种排序法，可以减少插入排序法中数据搬移的次数，以加速排序的进行。排序的原则是将数据区分成特定间隔的几个小区块，以插入排序法排完区块内的数据后再渐渐减少间隔的距离。

下面我们用数列（63,92,27,36,45,71,58,7）从小到大的排序过程来说明希尔排序法的演算流程（参考图 3-18~图 3-23）。数据排序前的初始顺序如图 3-18 所示。

图 3-18

① 首先将所有数据分成 Y（8 div 2）份，即 Y=4，称为划分数。注意，划分数不一定是 2，质数最好，但为了方便计算，我们习惯选 2。因此，一开始的间隔设置为 8/2，如图 3-19 所示。

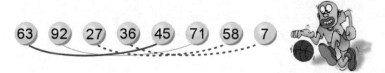

图 3-19

② 如此就可以得到 4 个区块，分别是(63，45)(92，71)(27，58)(36，7)，再分别用插入排序法排序为 (45，63)(71，92)(27，58)(7，36)。在整个队列中，数据的排列如图 3-20 所示。

图 3-20

③ 接着缩小间隔为(8/2)/2，如图 3-21 所示。

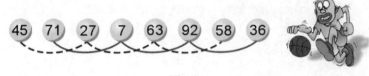

图 3-21

④ 再分别用插入排序法对(45, 27, 63, 58)(71, 7, 92, 36)进行排序，得到如图 3-22 所示的结果。

图 3-22

⑤ 再以((8/2)/2)/2 的间距进行插入排序，即对每一个元素进行排序，得到如图 3-23 所示的结果。

图 3-23

【范例程序：CH03_04.c】

设计一个 C 程序，并使用希尔排序法对以下数列进行排序：

```
16,25,39,27,12,8,45,63
```

```
01    #include <stdio.h>
02    #include <stdlib.h>
03    #define SIZE 8
04
05    void shell (int *,int);  /*声明排序法子程序*/
06    void showdata (int *);   /*声明打印数组子程序*/
07
08    int main(void)
09    {
10        int data[SIZE]={16,25,39,27,12,8,45,63};
```

```
11      printf("原始数据是:              ");
12      showdata (data);
13      printf("-----------------------------------------------\n");
14      shell(data,SIZE);
15      printf("最终排序的结果为:      ");
16      showdata (data);
17      system("pause");
18      return 0;
19   }
20
21   void showdata(int data[])
22   {
23      int i;
24      for (i=0;i<SIZE;i++)
25          printf("%3d",data[i]);
26      printf("\n");
27   }
28
29   void shell(int data[],int size)
30   {
31      int i;          /*i 为扫描次数*/
32      int j;          /*以 j 来定位比较的元素*/
33      int k=1;        /*k 打印计数*/
34      int tmp;        /*tmp 用来暂存数据*/
35      int jmp;        /*设置间距位移量*/
36      jmp=size/2;
37      while (jmp != 0)
38      {
39          for (i=jmp ;i<size ;i++)
40          {
41              tmp=data[i];
42              j=i-jmp;
43              while(tmp<data[j] && j>=0)  /*插入排序法*/
44              {
45                  data[j+jmp] = data[j];
46                  j=j-jmp;
47              }
48              data[jmp+j]=tmp;
49          }
50          printf("第 %d 次的排序结果: ",k++);
51          showdata (data);
52          printf("--------------------------------------\n");
53          jmp=jmp/2;    /*控制循环数*/
54      }
55   }
```

【执行结果】参考图 3-24。

```
—  □  ×
原始数据为：          16 25 39 27 12  8 45 63

第 1 次的排序结果为：  12  8 39 27 16 25 45 63

第 2 次的排序结果为：  12  8 16 25 39 27 45 63

第 3 次的排序结果为：   8 12 16 25 27 39 45 63

最终排序的结果为：      8 12 16 25 27 39 45 63


Process exited after 0.1631 seconds with return value 0
请按任意键继续. . . ▄
```

图 3-24

3.6 合并排序法

合并排序法（Merge Sort）是针对已排序好的两个或两个以上的数列（或数据文件），通过合并的方式将其组合成一个大的且已排好序的数列（或数据文件），步骤如下：

（1）将 N 个长度为 1 的键值成对地合并成 $N/2$ 个长度为 2 的键值组。

（2）将 $N/2$ 个长度为 2 的键值组成对地合并成 $N/4$ 个长度为 4 的键值组。

（3）将键值组不断地合并，直到合并成一组长度为 N 的键值组为止。

下面我们用数列（38,16,41,72,52,98,63,25）从小到大的排序过程来说明合并排序法的基本演算流程，如图 3-25 所示。

```
38、16、41、72、52、98、63、25
16、38、41、72、52、98、25、63
16、38、41、72、25、52、63、98
16、25、38、41、52、63、72、98
```

图 3-25

上面展示的是一种比较简单的合并排序，又称为 2 路（2-way）合并排序，主要是把原来的数列视作 N 个已排好序且长度为 1 的数列，再将这些长度为 1 的数列两两合并，结合成 $N/2$ 个已排好序且长度为 2 的数列；同样的做法，再按序两两合并，合并成 $N/4$ 个已排好序且长度为 4 的数列，以此类推，最后合并成一个已排好序且长度为 N 的数列。

现在将排序步骤整理如下：

步骤01 将 N 个长度为 1 的数列合并成 $N/2$ 个已排序妥当且长度为 2 的数列。

步骤02 将 $N/2$ 个长度为 2 的数列合并成 $N/4$ 个已排序妥当且长度为 4 的数列。

步骤03 将 $N/4$ 个长度为 4 的数列合并成 $N/8$ 个已排序妥当且长度为 8 的数列。

步骤04 将 $N/2^{i-1}$ 个长度为 2^{i-1} 的数列合并成 $N/2^{i}$ 个已排序妥当且长度为 2^{i} 的数列。

3.7 快速排序法

快速排序（Quick Sort）是由 C. A. R. Hoare 提出来的。快速排序法又称分割交换排序法，是目前公认的最佳排序法，也是使用"分而治之"（Divide and Conquer）的方式，会先在数据中找到一个虚拟的中间值，并按此中间值将所有打算排序的数据分为两部分。其中小于中间值的数据放在左边，而大于中间值的数据放在右边，再以同样的方式分别处理左右两边的数据，直到排序完为止。操作与分割步骤如下：

假设有 n 项记录 $R_1, R_2, R_3, \ldots, R_n$，其键值为 $K_1, K_2, K_3, \ldots, K_n$。

步骤 01 先假设 K 的值为第一个键值。

步骤 02 从左向右找出键值 K_i，使得 $K_i > K$。

步骤 03 从右向左找出键值 K_j，使得 $K_j < K$。

步骤 04 若 $i < j$，则 K_i 与 K_j 互换，并回到步骤 02。

步骤 05 若 $i \geqslant j$，则 K 与 K_j 互换，并以 j 为基准点分割成左、右两部分，然后针对左、右两边执行步骤 01~05，直到左边键值等于右边键值为止。

下面示范使用快速排序法对数据进行排序的过程，原始数据参考图 3-26。

图 3-26

步骤 01 因为 $i < j$，所以交换 K_i 与 K_j，如图 3-27 所示，然后继续进行比较。

图 3-27

步骤 02 因为 $i < j$，所以交换 K_i 与 K_j，如图 3-28 所示，然后继续进行比较。

图 3-28

步骤 03 因为 $i \geqslant j$，所以交换 K 与 K_j，并以 j 为基准点分割成左、右两部分，如图 3-29 所示。

图 3-29

经过上述几个步骤，大家可以将小于键值 K 的数据放在左边；将大于键值 K 的数据放在右边。按照上述排序过程，对左、右两部分分别排序，过程如图 3-30 所示。

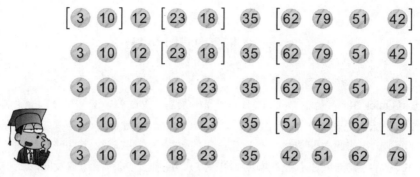

图 3-30

【范例程序：CH03_05.c】

设计一个 C 程序，使用快速排序法将输入的数字进行排序。

```c
01    #include <stdio.h>
02    #include <stdlib.h>
03    #include <time.h>
04
05    void inputarr(int*,int);
06    void showdata(int*,int);
07    void quick(int*,int,int,int);
08    int process = 0;
09    int main(void)
10    {
11        int size,data[100]={0};
12        srand((unsigned)time(NULL));
13        printf("请输入数组大小(100 以下)：");
14        scanf("%d",&size);
15        printf("您输入的原始数据是：");
16        inputarr (data,size);
17        showdata (data,size);
18        quick(data,size,0,9);
19        printf("\n 最终的排序结果为：");
20        showdata(data,size);
21        system("pause");
22        return 0;
23    }
24    void inputarr(int data[],int size)
25    {
26        int i;
27        for (i=0;i<size;i++)
28            data[i]=(rand()%99)+1;
29    }
30    void showdata(int data[],int size)
31    {
32        int i;
33        for (i=0;i<size;i++)
34            printf("%3d",data[i]);
35        printf("\n");
36
37    }
38    void quick(int d[],int size,int lf,int rg)
39    {
40        int i,j,tmp;
```

```
41        int lf_idx;
42        int rg_idx;
43        int t;
44                                /*1:第一个键值为 d[lf]*/
45        if(lf<rg)
46        {
47            lf_idx=lf+1;
48            rg_idx=rg;
49 step2:
50            printf("[排序过程%d]=> ",process++);
51            for(t=0;t<size;t++)
52                printf("[%2d] ",d[t]);
53            printf("\n");
54            for(i=lf+1;i<=rg;i++)    /*2:从左向右找出一个键值大于 d[lf]者*/
55            {
56                if(d[i]>=d[lf])
57                {
58                    lf_idx=i;
59                    break;
60                }
61                lf_idx++;
62            }
63            for(j=rg;j>=lf+1;j--)    /*3:从右向左找出一个键值小于 d[lf]者*/
64            {
65                if(d[j]<=d[lf])
66                {
67                    rg_idx=j;
68                    break;
69                }
70                rg_idx--;
71            }
72            if(lf_idx<rg_idx)         /*4-1:若 lf_idx<rg_idx*/
73            {                             /*则 d[lf_idx]和 d[rg_idx]互换*/
74                tmp = d[lf_idx];
75                d[lf_idx] = d[rg_idx];
76                d[rg_idx] = tmp;
77                goto step2;               /*4-2:并继续执行步骤 2*/
78            }
79            if(lf_idx>=rg_idx)        /*5-1:若 lf_idx 大于等于 rg_idx*/
80            {                             /*则将 d[lf]和 d[rg_idx]互换*/
81                tmp = d[lf];
82                d[lf] = d[rg_idx];
83                d[rg_idx] = tmp;
84                                        /*5-2:并以 rg_idx 为基准点分成左右两部分*/
85                                        /*以递归方式分别为左右两部分进行排序*/
86                quick(d,size,lf,rg_idx-1);
87                quick(d,size,rg_idx+1,rg);        /*直至完成排序*/
88            }
89        }
90    }
```

【执行结果】参考图 3-31。

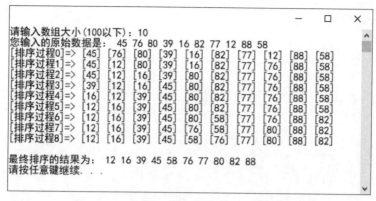

图 3-31

3.8 基数排序法

基数排序法与我们之前所讨论的排序法不太一样，并不需要进行元素之间的比较操作，而是属于一种分配模式排序方式。

基数排序法按比较的方向可分为最高位优先（Most Significant Digit First，MSD）和最低位优先（Least Significant Digit First，LSD）两种。MSD 法是从最左边的位数开始比较的，而 LSD 则是从最右边的位数开始比较的。直接看下面最低位优先（LSD）的例子，便可清楚地知道其工作原理。

在下面的范例中，我们以 LSD 将三位数的整数数据加以排序（按个位数、十位数、百位数来进行排序）。原始数据如下：

| 59 | 95 | 7 | 34 | 60 | 168 | 171 | 259 | 372 | 45 | 88 | 133 |

步骤01 把每个整数按个位数字放到列表中。

个位数字	0	1	2	3	4	5	6	7	8	9
数据	60	171	372	133	34	95 45		7	168 88	59 259

合并后成为：

| 60 | 171 | 372 | 133 | 34 | 95 | 45 | 7 | 168 | 88 | 59 | 259 |

步骤02 把每个整数按十位数字放到列表中。

十位数字	0	1	2	3	4	5	6	7	8	9
数据	7			133 34	45	59 259	60 168	171 372	88	95

合并后成为：

| 7 | 133 | 34 | 45 | 59 | 259 | 60 | 168 | 171 | 372 | 88 | 95 |

步骤 **03** 把每个整数按百位数字放到列表中。

百位数字	0	1	2	3	4	5	6	7	8	9
数据	7 34 45 59 60 88 95	133 168 171	259	372						

最后合并，即完成排序。

7	34	45	59	60	88	95	133	168	171	259	372

【范例程序：CH03_06.c】

设计一个 C 程序，自行输入数值数组的个数并输入这些数值，再使用基数排序法对这组输入数值进行排序。

```c
/* 基数排序法，从小到大排序 */
#include <stdio.h>
#include <stdlib.h>
#include <time.h>
void radix (int *,int);/* 基数排序法子程序 */
void showdata (int *,int);
void inputarr (int *,int);
int main(void)
{
    int size,data[100]={0};
    printf("请输入数组大小(100 以下)：");
    scanf("%d",&size);
    printf("您输入的原始数据是：\n");
    inputarr (data,size);
    showdata (data,size);
    radix (data,size);
    system("pause");
    return 0;
}
void inputarr(int data[],int size)
{
    int i;
    srand((unsigned)time(NULL));
    for (i=0;i<size;i++)
        data[i]=(rand()%999)+1;/*设置 data 值最大为 3 位数*/
}
void showdata(int data[],int size)
{
    int i;
    for (i=0;i<size;i++)
        printf("%5d",data[i]);
    printf("\n");
}
void radix(int data[],int size)
```

```
35  {
36      int i,j,k,n,m;
37      for (n=1;n<=100;n=n*10)/*n 为基数，从个位数开始排序 */
38      {
39          int tmp[10][100]={0};/*设置暂存数组，[0~9 位数][数据个数]，所有内容均为 0 */
40          for (i=0;i<size;i++)/* 比对所有数据 */
41          {
42              m=(data[i]/n)%10;/* m 为 n 位数的值，如 36 取十位数 (36/10)%10=3 */
43              tmp[m][i]=data[i];/* 把 data[i]的值暂存于 tmp 中 */
44          }
45          k=0;
46          for (i=0;i<10;i++)
47          {
48              for(j=0;j<size;j++)
49              {
50                  if(tmp[i][j] != 0)/* 因为一开始设置 tmp ={0}，故不为 0 者即为 */
51                  {                 /* data 暂存在 tmp 中的值，把 tmp 中的值 */
52                      data[k]=tmp[i][j];  /* 放回 data[ ]中 */
53                      k++;
54                  }
55              }
56          }
57          printf("经过%3d 位数排序后：",n);
58          showdata(data,size);
59      }
60  }
```

【执行结果】参考图 3-32。

```
                                                    —   □   ×
经过   1位数排序后：    10  823  986  786  507  267  448  279   39  289
经过  10位数排序后：   507   10  823   39  448  267  279  986  786  289
经过100位数排序后：    10   39  267  279  289  448  507  786  823  986
请按任意键继续. . .
_____
Process exited after 37.52 seconds with return value 0
请按任意键继续. . . ■
```

图 3-32

课后习题

1. 排序的数据是以数组数据结构来存储的。在下列排序法中，哪一个的数据搬移量最大？
   （A）冒泡排序法　　　　（B）选择排序法　　　　（C）插入排序法
2. 举例说明合并排序法是否为稳定排序。
3. 待排序的键值为 26、5、37、1、61，试使用选择排序法列出每个回合排序的结果。
4. 在排序过程中，数据移动可分为哪两种方式？试说明两者之间的优劣。
5. 简述基数排序法的主要特点。
6. 下列叙述正确与否？试说明原因。

（1）无论输入数据为何，插入排序的元素比较总次数都会比冒泡排序的元素比较总次数少。

（2）若输入数据已排序完成，再利用堆积排序，则只需 $O(n)$ 时间即可完成排序。其中，n 为元素个数。

第**4**章

查找与哈希算法

在数据处理过程中，能否在最短的时间内查找到所需要的数据是值得信息从业人员关心的一个问题。所谓查找（Search，或搜索），是指从数据文件中找出满足某些条件的记录，就像我们要从文件柜中找到所需的文件（见图 4-1）。用来查找的条件称为"键"（Key，或称为键值），就如同排序所用的键值一样。注意，在数据结构中描述算法时习惯用"查找"，而在因特网上找信息或资料时习惯用"搜索"。在本书中，"查找"和"搜索"可以互换，意思相同。

图 4-1

大家经常使用的搜索引擎所设计的 Spider 程序（网页抓取程序爬虫）会主动经由网站上的超链接"爬行"到另一个网站，收集每个网站上的信息，并收录到数据库中，这就必须依赖不同的查找算法来进行。

此外，通常判断一个查找算法的好坏主要由其比较次数及查找所需时间来判断。哈希法（Hashing）又可称为散列法，任何通过哈希查找的数据都不需要经过事先的排序，也就是说这种查找可以直接且快速地找到键值所存放的地址。一般的查找技巧主要是通过各种不同的比较方法来查找所要的数据项，反观哈希法则是直接通过数学函数来获取对应的存放地址，因此可以快速地找到所要的数据。

4.1　常见查找算法的介绍

　　计算机查找数据的优点是快速，但是当数据量很庞大时，如何在最短时间内有效地找到所需数据则是一个相当重要的课题。影响查找时间长短的主要因素有算法、数据存储的方式及结构。查找和排序法一样，如果是以查找过程中被查找的表格或数据是否变动来分类，那么可以分为静态查找（Static Search）和动态查找（Dynamic Search）。

　　静态查找是指数据在查找过程中不会有添加、删除或更新等操作，例如符号表查找就属于一种静态查找。动态查找是指所查找的数据在查找过程中会经常性地添加、删除或更新。例如，在网络上查找数据就是一种动态查找，如图 4-2 所示。查找的操作和算法有关，具体进行的方式和所选择的数据结构有很大的关联。下面就以几种常见的查找算法来说明这些关联。

图 4-2

4.1.1　顺序搜索法

　　顺序查找法又称线性查找法，是一种比较简单的查找法。它是将数据一项一项地按顺序逐个查找，所以不管数据顺序如何，都得从头到尾遍历一次。该方法的优点是文件在查找前不需要进行任何处理与排序；缺点是查找速度比较慢。如果数据没有重复，找到数据就可中止查找，那么在最差情况下是未找到数据，需要进行 n 次比较，最好情况下则是一次就找到数据，只需要 1 次比较。

　　现在以一个例子来说明，假设已有数列 74、53、61、28、99、46、88，若要查找 28，则需要比较 4 次；若要查找 74，则仅需要比较 1 次；若要查找 88，则需要查找 7 次，这表示当查找的数列长度 n 很大时，利用顺序查找是不太适合的，它是一种适用于小数据文件的查找方法。在日常生活中，我们经常会使用到这种查找方法，例如我们想在衣柜中找衣服时，通常会从柜子最上方的抽屉逐层寻找，如图 4-3 所示。

在抽屉中逐层查找东西，也是一种顺序查找法的应用。

图 4-3

【范例程序：CH04_01.c】

设计一个 C 程序，生成 1~150 之间的 80 个随机整数，然后实现顺序查找法的过程并显示具体查找步骤。

```
01    #include <stdio.h>
02    #include <stdlib.h>
03
04    int main( )
05    {
06        int i,j,find,val=0,data[80]={0};
07        for (i=0;i<80;i++)
08            data[i]=(rand()%150+1);
09        while (val!=-1)
10        {
11            find=0;
12            printf("请输入要查找的键值(1-150)，输入-1 离开：");
13            scanf("%d",&val);
14            for (i=0;i<80;i++)
15            {
16                if(data[i]==val)
17                {
18                    printf("在第 %3d 个位置找到键值 [%3d]\n",i+1,data[i]);
19                    find++;
20                }
21            }
22            if(find==0 && val !=-1)
23                printf("######没有找到 [%3d]######\n",val);
24        }
25        printf("所有数据为：\n");
26        for(i=0;i<10;i++)
27        {
28            for(j=0;j<8;j++)
29                printf("%2d[%3d]  ",i*8+j+1,data[i*8+j]);
30            printf("\n");
31        }
32        system("pause");
33        return 0;
34    }
```

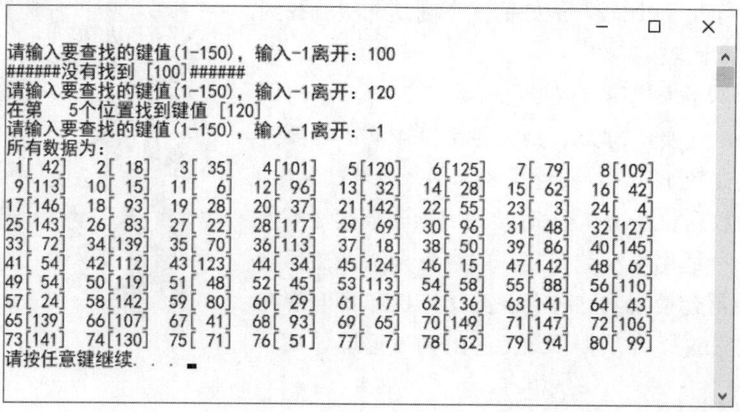

【执行结果】 参考图 4-4。

图 4-4

4.1.2　二分查找法

如果要查找的数据已经事先排好序了，就可以使用二分查找法来进行查找。二分查找法是将数据分割成两等份，再比较键值与中间值的大小。如果键值小于中间值，就可确定要查找的数据在前半部，否则在后半部，如此分割数次直到找到或确定不存在为止。例如，已排序好的数列为（2,3,5,8,9,11,12,16,18），所要查找值为 11。

① 首先与中间值（第 5 个数值）9 比较，如图 4-5 所示。

图 4-5

② 因为 11＞9，所以与后半部的中间值 12 比较，如图 4-6 所示。

图 4-6

③ 因为 11＜12，所以与前半部的中间值 11 比较，如图 4-7 所示。

图 4-7

④ 因为 11＝11，所以查找完成。如果不相等，则说明找不到。

【范例程序：CH04_02.c】

设计一个 C 程序，生成 1~150 之间的 50 个随机整数，然后实现二分查找法的过程并显示具体查找步骤。

```
01    #include <stdio.h>
02    #include <stdlib.h>
03
04    int main()
05    {
06        int i,j,val=1,num,data[50]={0};
07        for (i=0;i<50;i++)
08        {
09            data[i]=val;
10            val+=(rand()%5+1);
11        }
12        while (1)
13        {
14            num=0;
15            printf("请输入要查找的键值(1-150)，输入-1 结束：");
```

```
16          scanf("%d",&val);
17          if(val==-1)
18              break;
19          num=bin_search(data,val);
20          if(num==-1)
21              printf("##### 没有找到[%3d] #####\n",val);
22          else
23              printf("在第 %2d 个位置找到 [%3d]\n",num+1,data[num]);
24      }
25      printf("所有数据为：\n");
26      for(i=0;i<5;i++)
27      {
28          for(j=0;j<10;j++)
29              printf("%3d-%-3d",i*10+j+1,data[i*10+j]);
30          printf("\n");
31      }
32      printf("\n");
33      system("pause");
34      return 0;
35  }
36  int bin_search(int data[50],int val)
37  {
38      int low,mid,high;
39      low=0;
40      high=49;
41      printf("正在查找......\n");
42      while(low <= high && val !=-1)
43      {
44          mid=(low+high)/2;
45          if(val<data[mid])
46          {
47              printf("%d 介于位置%d的值 [%3d] 和位置%d的中间值 [%3d] 之间，找左半边
\n",val,low+1,data[low],mid+1,data[mid]);
48              high=mid-1;
49          }
50          else if(val>data[mid])
51          {
52              printf("%d 介于位置%d的中间值 [%3d] 和位置%d的值 [%3d] 之间，找右半边
\n",val,mid+1,data[mid],high+1,data[high]);
53              low=mid+1;
54          }
55          else
56              return mid;
57      }
58      return -1;
59  }
```

【执行结果】参考图 4-8。

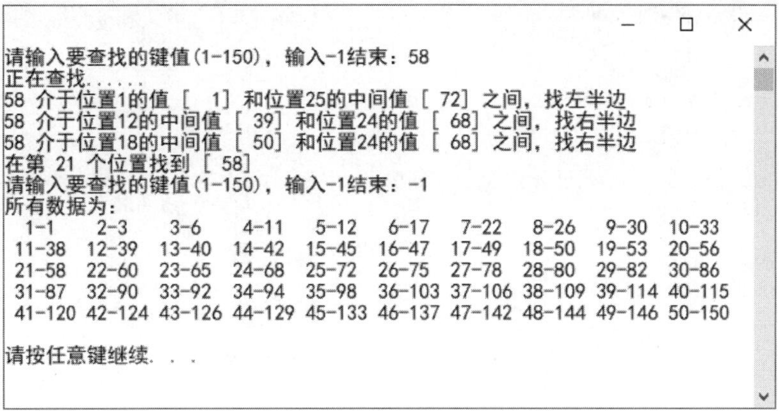

图 4-8

4.1.3　插值查找法

插值查找法（Interpolation Search）又称为插补查找法，是二分查找法的改进版。它是按照数据位置的分布，利用公式预测数据所在的位置，再以二分法的方式渐渐逼近。使用插值查找法是假设数据平均分布在数组中，而每一项数据的差距相当接近或有一定的距离比例。插值查找法的公式为：

$$Mid=low + \frac{key - data[low]}{data[high] - data[low]} *(high - low)$$

其中，key 是要查找的键值，data[high]、data[low]是剩余待查找记录中的最大值和最小值。假设数据项数为 n，其插值查找法的步骤如下：

步骤01 将记录从小到大的顺序设置为 1, 2, 3,..., n 的编号。

步骤02 令 low=1，high=n。

步骤03 当 low<high 时，重复执行步骤 04 和步骤 05。

步骤04 令

$$Mid=low + \frac{key - data[low]}{data[high] - data[low]} *(high - low)$$

步骤05 若 key<key_{Mid} 且 high≠Mid-1，则令 high=Mid-1。

步骤06 若 key = key_{Mid}，则表示成功查找到键值的位置。

步骤07 若 key>key_{Mid} 且 low≠Mid+1，则令 low=Mid+1。

【范例程序：CH04_03.c】

设计一个 C 程序，生成 1~150 之间的 50 个随机整数，然后实现插值查找法的过程并显示具体查找步骤。

```
01     #include <stdio.h>
02     #include <stdlib.h>
03
04     int Interpolation(int*,int);
05     int main(void)
06     {
07         int i,j,val=1,num,data[50]={0};
08         for (i=0;i<50;i++)
09         {
10             data[i]=val;
11             val+=(rand()%5+1);
12         }
13         while(1)
14         {
15             num=0;
16             printf("请输入要查找的键值(1-150)，输入-1 结束: ");
17             scanf("%d",&val);
18             if(val==-1)
19                 break;
20             num=Interpolation(data,val);
21             if(num==-1)
22                 printf("##### 没有找到[%3d] #####\n",val);
23             else
24                 printf("在第 %2d 个位置找到 [%3d]\n",num+1,data[num]);
25         }
26         printf("所有数据为: \n");
27         for(i=0;i<5;i++)
28         {
29             for(j=0;j<10;j++)
30                 printf("%3d-%-3d",i*10+j+1,data[i*10+j]);
31             printf("\n");
32         }
33         system("pause");
34         return 0;
35     }
36     int Interpolation(int data[50],int val)
37     {
38         int low,mid,high;
39         low=0;
40         high=49;
41         printf("正在查找......\n");
42         while(low<= high && val !=-1)
43         {
44             /*插值法公式*/
45             mid=low+((val-data[low])*(high-low)/(data[high]-data[low]));
46             if (val==data[mid])
47                 return mid;
48             else if (val < data[mid])
49             {
50                 printf("%d 介于位置%d 的值 [%3d] 和位置%d 的中间值 [%3d] 之间，找左半边
       \n",val,low+1,data[low],mid+1,data[mid]);
51                 high=mid-1;
52             }
53             else if(val > data[mid])
54             {
55                 printf("%d 介于位置%d 的中间值 [%3d] 和位置%d 的值 [%3d] 之间，找右半边
       \n",val,mid+1,data[mid],high+1,data[high]);
56                 low=mid+1;
```

```
57            }
58        }
59        return -1;
60    }
```

【执行结果】参考图 4-9。

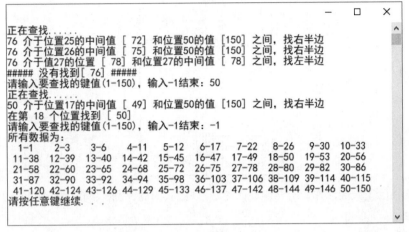

图 4-9

4.2　常见的哈希法简介

哈希法是使用哈希函数来计算一个键值（Key）所对应的地址，进而建立哈希表格，然后依靠哈希函数来查找各个键值存放在表格中的地址，查找速度与数据多少无关，在没有碰撞和溢出的情况下一次读取即可完成。哈希法还具有保密性高的特点，因为不事先知道哈希函数就无法查找到数据。

选择哈希函数时，要特别注意不宜过于复杂，设计原则上至少必须符合计算速度快与碰撞频率尽量低的两个特点。常见的哈希算法有除留余数法、平方取中法、折叠法及数字分析法。

4.2.1　除留余数法

最简单的哈希函数是将数据除以某一个常数后取余数来当索引。例如，在有 13 个位置的数组中，只使用到 7 个地址，值分别是 12、65、70、99、33、67、48。我们可以把数组内的值除以 13 并以其余数作为数组的下标（索引）。

```
h(key)=key mod B
```

在这个例子中，我们使用的 B = 13。建议大家在选择 B 时，B 最好是质数。所建立出来的哈希表如下所示。

索引	数据
0	65
1	
2	67
3	
4	
5	70
6	
7	33
8	99
9	48
10	
11	
12	12

下面我们以除留余数法作为哈希函数，将数字 323、458、25、340、28、969、77 存放在 11 个存储空间中。

令哈希函数为 h(key) = key mod B，其中 B=11，且为一个质数，这个函数的计算结果介于 0~10 之间（包括 0 和 10），则 h(323)=4、h(458)=7、h(25)=3、h(340)=10、h(28)=6、h(969)=1、h(77)=0。所建立的哈希表如下所示。

索引	数据
0	77
1	969
2	
3	25
4	323
5	
6	28
7	458
8	
9	
10	340

4.2.2 平方取中法

平方取中法与除留余数法相当类似，就是先计算数据的平方，然后取中间的某段数字作为索引。下面我们用平方取中法将数据存放在 100 个地址空间中，其操作步骤如下：

对 12、65、70、99、33、67、51 进行平方运算，结果为：

144、4225、4900、9801、1089、4489、2601

再取百位数和十位数作为键值，分别为：

```
14、22、90、80、08、48、60
```

上述数列中的 7 个数字即为 12、65、70、99、33、67、51 这 7 个数所存放到 100 个存储空间的索引键（也称为索引值），也就是这些存储空间的地址：

```
f(14) = 12
f(22) = 65
f(90) = 70
f(80) = 99
f(8) = 33
f(48) = 67
f(60) = 51
```

若实际空间介于 0~9（10 个空间），则取百位数和十位数的值介于 0～99（共有 100 个空间），所以我们必须将平方取中法第一次所求得的键值再压缩 1/10，才可以将 100 个可能产生的值对应到 10 个空间，即将每一个键值除以 10 取整数。下面我们以 DIV 运算符作为取整数的除法，可以得到以下对应关系。

```
f(14 DIV 10)=12        f(1)=12
f(22 DIV 10)=65        f(2)=65
f(90 DIV 10)=70        f(9)=70
f(80 DIV 10)=99   →    f(8)=99
f(8 DIV 10) =33        f(0)=33
f(48 DIV 10)=67        f(4)=67
f(60 DIV 10)=51        f(6)=51
```

4.2.3　折叠法

折叠法是将数据转换成一串数字后，先将这串数字拆成几个部分，然后把它们加起来，计算出这个键值的 Bucket Address（桶地址）。例如，有一个数据转换成数字后为 2365479125443，若以每 4 个数字为一部分，则可以拆分为 2365、4791、2544、3。将这 4 组数字加起来后即为索引值：

```
    2365
    4791
    2544
+      3
    9703 →Bucket Address（桶地址）
```

在折叠法中有两种做法。像上例那样直接将每一部分相加所得的值作为 Bucket Address 的做法称为"移动折叠法"。哈希法的设计原则之一是降低碰撞，如果希望降低碰撞的机会，就可以将上述每一部分数字中的奇数或偶数反转，再相加以得到 Bucket Address，这种改进式的做法称为"边界折叠法（Folding At The Boundaries）"。

请看下面的说明：

① 情况一：将偶数反转。

2365（第 1 个是奇数，不反转）

4791（第 2 个是奇数，不反转）

4452（第 3 个是偶数，要反转）

+   3（第 4 个是奇数，不反转）

11611 →Bucket Address

② 情况二：将奇数反转。

5632（第 1 个是奇数，要反转）

1974（第 2 个是奇数，要反转）

2544（第 3 个是偶数，不反转）

+   3（第 4 个是奇数，要反转）

10153 →Bucket Address

4.2.4　数字分析法

数字分析法适用于数据不会更改且为数字类型的静态表。在决定哈希函数时先逐一检查数据的相对位置和分布情况，将重复性高的部分删除。例如，下面的电话号码表除了区号全部是 080 外（注意：此区号仅用于举例，表中的电话号码也不是实际的），中间 3 个数字的变化不大。假设地址空间的大小 *m*=999，我们必须从下列数字中提取合适的数字，即数字不要太集中，分布范围较为平均（随机度高），最后决定提取最后 4 个数字的末尾 3 位。所得哈希表如下所示。

电话
080-772-2234
080-772-4525
080-774-2604
080-772-4651
080-774-2285
080-772-2101
080-774-2699
080-772-2694

索引	电话
234	080-772-2234
525	080-772-4525
604	080-774-2604
651	080-772-4651
285	080-774-2285
101	080-772-2101
699	080-774-2699
694	080-772-2694

看完上面几种哈希函数之后，相信大家可以发现，哈希函数并没有一定的规则可寻，可能是其中的某一种方法，也可能同时使用好几种方法，所以哈希法常常被用来处理数据的加密和压缩。但是，哈希法经常会遇到"碰撞"和"溢出"的情况，接下来我们就介绍如果遇到这两种情况该如何解决。

4.3　碰撞与溢出问题的处理

在哈希法中，当标识符要放入某个桶（Bucket，哈希表中存储数据的位置）时，若该桶已经满了，就会发生溢出（Overflow）；另外哈希法的理想情况是所有数据经过哈希函数运算后都得到不同的值，但现实情况是即使所有关键字段的值都不相同，还是可能得到相同的地址，于是就发生了碰撞（Collision）问题。因此，如何在碰撞发生后处理溢出的问题就显得相当重要。常见的处理算法有线性探测法、平方探测法、再哈希法。

4.3.1　线性探测法

线性探测法是当发生碰撞情况时，若该索引对应的存储位置已有数据，则以线性的方式向后寻找空的存储位置，一旦找到位置就把数据放进去。线性探测法通常把哈希的位置视为环形结构，如此一来若后面的位置已被填满而前面还有位置时，则可以将数据放到前面。

用 C 语言来表达的线性探测算法如下：

```c
int creat_table(int num,int *index)   /*创建哈希表子程序*/
{
    int tmp;
        tmp=num%INDEXBOX;      /*哈希函数=数据%INDEXBOX*/
        while(1)
        {
            if(index[tmp]==-1)          /*如果数据对应的位置是空的*/
            {
                index[tmp]=num;       /*则直接存入数据*/
                break;
            }
            else
            tmp=(tmp+1)%INDEXBOX;      /*否则往后找位置存放*/
        }
}
```

【范例程序：CH04_04.c】

设计一个 C 程序，以除留余数法的哈希函数取得索引值，再以线性探测法来存储数据。

```c
01    #include <stdio.h>
02    #include <stdlib.h>
03    #include <time.h>
04    #define INDEXBOX 10    /*哈希表最大元素*/
05    #define MAXNUM 7       /*最大的数据个数*/
06
07    int main()
08    {
09        int i,index[INDEXBOX],data[MAXNUM];
10        srand((unsigned)time(NULL));   /*用时间函数初始化随机函数*/
11        printf("原始数组值: \n");
```

```
12          for(i=0;i<MAXNUM;i++)            /*起始数据值*/
13              data[i]=rand()%20+1;
14          for(i=0;i<INDEXBOX;i++)          /*清除哈希表*/
15              index[i]=-1;
16          print_data(data,MAXNUM);      /*打印起始数据*/
17          printf("哈希表的内容：\n");
18          for(i=0;i<MAXNUM;i++)            /*建立哈希表*/
19          {
20              creat_table(data[i],index);
21              printf(" %2d =>",data[i]);   /*打印输出单个元素的哈希表位置*/
22              print_data(index,INDEXBOX);
23          }
24          printf("完成的哈希表：\n");
25          print_data(index,INDEXBOX);   /*打印输出最后完成的结果*/
26          system("pause");
27          return 0;
28      }
29      int print_data(int *data,int max)  /*打印数组子程序*/
30      {
31          int i;
32          printf("\t");
33          for(i=0;i<max;i++)
34              printf("[%2d] ",data[i]);
35          printf("\n");
36      }
37      int creat_table(int num,int *index)   /*创建哈希表子程序*/
38      {
39          int tmp;
40          tmp=num%INDEXBOX;       /*哈希函数=数据 % INDEXBOX*/
41          while(1)
42          {
43              if(index[tmp]==-1)       /*如果数据对应的位置是空的*/
44              {
45                  index[tmp]=num;              /*则直接存入数据*/
46                  break;
47              }
48              else
49                  tmp=(tmp+1)%INDEXBOX;      /*否则往后找位置存放*/
50          }
51      }
```

【执行结果】参考图 4-10。

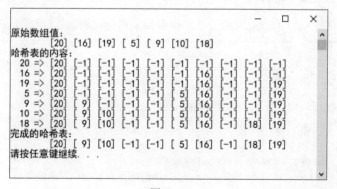

图 4-10

4.3.2　平方探测法

线性探测法有一个缺点，就是类似的键值经常会聚集在一起，因此可以考虑以平方探测法来加以改善。在平方探测法中，当溢出发生时，下一次查找的地址是$(f(x)+i^2) \bmod B$ 与$(f(x)-i^2) \bmod B$，即让数据值加或减 i 的平方。例如数据值 key，哈希函数 f：

第一次寻找：$f(\text{key})$
第二次寻找：$(f(\text{key})+1^2)\%B$
第三次寻找：$(f(\text{key})-1^2)\%B$
第四次寻找：$(f(\text{key})+2^2)\%B$
第五次寻找：$(f(\text{key})-2^2)\%B$

……

第 n 次寻找：$(f(\text{key})\pm((B-1)/2)^2)\%B$，其中 B 必须为 $4j+3$ 型的质数，且 $1\leqslant i\leqslant(B-1)/2$。

4.3.3　再哈希法

再哈希法就是一开始先设置一系列哈希函数，如果使用第一种哈希函数出现溢出，就改用第二种，如果第二种也出现溢出，则改用第三种，一直到没有发生溢出为止。例如，h_1 为 key%11，h_2 为 key*key，h_3 为 key*key%11，h_4 为……

使用再哈希法处理下列数据碰撞的问题：

```
681, 467, 633, 511, 100, 164, 472, 438, 445, 366, 118;
```

其中，哈希函数为（此处 $m=13$）：

- $f_1 = h(\text{key}) = \text{key MOD } m$;
- $f_2 = h(\text{key}) = (\text{key}+2) \text{ MOD } m$;
- $f_3 = h(\text{key}) = (\text{key}+4) \text{ MOD } m$。

说明如下：

① 使用第一种哈希函数 $h(\text{key}) = \text{key MOD } 13$ 所得的哈希地址如下：

```
681 -> 5
467 -> 12
633 -> 9
511 -> 4
100 -> 9
164 -> 8
472 -> 4
438 -> 9
445 -> 3
366 -> 2
118 -> 1
```

② 其中 100、472、438 都会发生碰撞，再使用第二种哈希函数 $h(value+2) = (value+2)$ MOD 13 进行数据的地址安排。

```
100 -> h(100+2)=102 mod 13=11
472 -> h(472+2)=474 mod 13=6
438 -> h(438+2)=440 mod 13=11
```

③ 438 仍发生碰撞问题，再使用第三种哈希函数 $h(value+4)= (438+4)$ MOD 13 重新进行 438 地址的安排。

```
438 -> h(438+4)=442 mod 13=0
```

经过三次再哈希后，数据的地址安排如下：

位置	数据
0	438
1	118
2	366
3	445
4	511
5	681
6	472
7	null
8	164
9	633
10	null
11	100
12	467

课后习题

1. 若有 n 项数据已排序完成，则用二分查找法查找其中某一项数据的查找时间约为多少？

（A）$O(\log^2 n)$ （B）$O(n)$ （C）$O(n^2)$ （D）$O(\log_2 n)$

2. 使用二分查找法的前提条件是什么？

3. 有关二分查找法，下列哪一个叙述是正确的？

（A）文件必须事先排序
（B）当排序数据非常小时，其时间会比顺序查找法慢
（C）排序的复杂度比顺序查找法要高
（D）以上都正确

4. 用哈希法将 101、186、16、315、202、572、463 这 7 个数字存放到 0~6 的 7 个位置。若要存入 1000 开始的 11 个位置，又应该如何存放？

5. 什么是哈希函数？试使用除留余数法和折叠法以 7 位电话号码作为数据进行说明。

6. 当哈希函数 $f(x) = 5x+4$ 时，请分别计算下列 7 项键值所对应的哈希值：

$$87 \quad 65 \quad 54 \quad 76 \quad 21 \quad 39 \quad 103$$

7. 解释哈希函数的碰撞。

第5章

数组与链表算法

数组与链表都是相当重要的结构化数据类型（Structured Data Type），也都是典型线性表的应用。线性表可应用于计算机中的数据存储结构，按照内存存储的方式基本上可分为以下两种方式。

1. 静态数据结构（Static Data Structure）

数组类型就是一种典型的静态数据结构，使用连续分配的内存空间（Contiguous Allocation）来存储有序表中的数据。静态数据结构在编译时就给相关的变量分配好内存空间。在建立静态数据结构的初期，必须事先声明最大可能要占用的固定内存空间，因此容易造成内存的浪费，例如数组类型就是一种典型的静态数据结构。优点是设计时相当简单，而且读取与修改表中任意一个元素的时间都是固定的。缺点是删除或加入数据时，需要移动大量的数据。

2. 动态数据结构（Dynamic Data Structure）

动态数据结构又称为"链表"（Linked List），使用不连续的内存空间存储具有线性表特性的数据。优点是数据的插入或删除都相当方便，不需要移动大量数据。另外，因为动态数据结构的内存分配是在程序执行时才进行的，所以不需要事先声明，这样能充分节省内存。缺点是在设计数据结构时比较麻烦，而且在查找数据时，也无法像静态数据一样随机读取，直至按顺序找到该数据为止。

5.1 矩　阵

从数学的角度来看，对于 $m \times n$ 矩阵（Matrix）的形式，可以用计算机中 $A(m, n)$ 的二维数组来描述，如图 5-1 所示的矩阵 A，大家是否立即想到了一个声明为 $A(1:3, 1:3)$ 的二维数组？

$$A = \begin{bmatrix} a_{11} & a_{12} & a_{13} \\ a_{21} & a_{22} & a_{23} \\ a_{31} & a_{32} & a_{33} \end{bmatrix}_{3 \times 3}$$

图 5-1

提 示

"深度学习"（Deep Learning，DL）是目前人工智能得以快速发展的原因之一，源自于人工神经网络（Artificial Neural Network）模型，并且结合了神经网络架构与大量的运算资源，目的在于让机器建立与模拟人脑进行学习的神经网络，以解读大数据中的图像、声音和文字等多种信息。由于神经网络是将权重存储在矩阵中的，矩阵可以是多维的，以便考虑各种参数的组合，因此当然会涉及"矩阵"的大量运算。以往由于硬件的限制，使得这类运算的速度缓慢，不具有实用性。自从拥有超多核心的 GPU（Graphics Processing Unit，GPU）问世之后——GPU 含有数千个微型且更高效率的运算单元，可以有效进行并行计算（Parallel Computing），因而大幅地提高了运算性能，加上 GPU 内 部本来就是以向量和矩阵运算为基础的，大量的矩阵运算可以分配给为数众多的内核同步进行处理，使得人工智能领域正式进入实用阶段，必将成为未来各个学科不可或缺的技术之一。

5.1.1 矩阵相加

矩阵的相加运算较为简单，前提是相加的两个矩阵对应的行数与列数都必须相等，而相加后矩阵的行数与列数也是相同的。例如，$A_{m \times n} + B_{m \times n} = C_{m \times n}$。下面我们就来看一个矩阵相加的例子（参考图 5-2）。

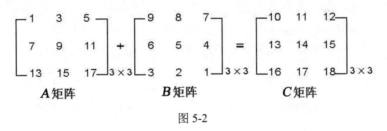

图 5-2

【范例程序：CH05_01.c】

设计一个 C 程序来声明 3 个二维数组实现图 5-2 所示的两个矩阵相加的过程，并显示这两个矩阵相加后的结果。

```
01    #include <stdio.h>
02    #include <stdlib.h>
03
04    int main()
05    {
06        int i,j;
07        int A[3][3] = {{1,3,5},{7,9,11},{13,15,17}};/* 二维数组的声明 */
08        int B[3][3] = {{9,8,7},{6,5,4},{3,2,1}};      /* 二维数组的声明 */
09        int C[3][3] = {0};
```

```
10
11        for(i=0;i<3;i++)
12        for(j=0;j<3;j++)
13          C[i][j]=A[i][j]+B[i][j];                  /* 矩阵 C = 矩阵 A + 矩阵 B */
14
15        printf("[矩阵 A 和矩阵 B 相加的结果]\n");    /* 打印输出 A+B 的结果 */
16        for(i=0;i<3;i++)
17        {
18            for(j=0;j<3;j++)
19                printf("%d\t",C[i][j]);
20            printf("\n");
21        }
22
23        system("pause");
24        return 0;
25    }
```

【执行结果】参考图 5-3。

```
─  □  ×
[矩阵A和矩阵B相加的结果]
10        11        12
13        14        15
16        17        18
请按任意键继续. . .
```

图 5-3

5.1.2 矩阵相乘

两个矩阵 A 与 B 的相乘受到某些条件的限制。首先，必须符合 A 为一个 $m×n$ 的矩阵，B 为一个 $n×p$ 的矩阵，对 $A×B$ 之后的结果为一个 $m×p$ 的矩阵 C，如图 5-4 所示。

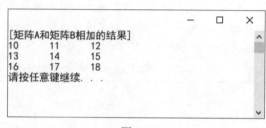

图 5-4

$C_{11} = a_{11} \times b_{11} + a_{12} \times b_{21} + ... + a_{1n} \times b_{n1}$

$\vdots$

$C_{1p} = a_{11} \times b_{1p} + a_{12} \times b_{2p} + ... + a_{1n} \times b_{np}$

$\vdots$

$C_{mp} = a_{m1} \times b_{1p} + a_{m2} \times b_{2p} + ... + a_{mn} \times b_{np}$

【范例程序：CH05_02.c】

请设计一个 C 程序实现两个可自行输入矩阵维数的矩阵相乘过程，并输出相乘后的结果。

```
01    /*
02    [示范]：运算两个矩阵相乘的结果
03    */
04    #include <stdio.h>
05    #include <stdlib.h>
06    #include <conio.h>
07    void MatrixMultiply(int*,int*,int*,int,int,int);
08    int main()
09    {
10        int *A,*B,*C;
11        int M,N,P;
12        int i,j;
13        printf("请输入矩阵 A 的维数(M,N)：\n");
14        printf("M= ");
15        scanf("%d",&M);
16        printf("N= ");
17        scanf("%d",&N);
18        A = (int*)malloc(M*N*sizeof(int));
19        printf("[请输入矩阵 A 的各个元素]\n");
20        for(i=0;i<M;i++)
21            for(j=0;j<N;j++)
22            {
23                printf("a%d%d=",i,j);
24                scanf("%d",&A[i*N+j]);
25            }
26        printf("请输入矩阵 B 的维数(N,P)：");
27        printf("\nN= ");
28        scanf("%d",&N);
29        printf("P= ");
30        scanf("%d",&P);
31        B = (int*)malloc(N*P*sizeof(int));
32        printf("[请输入矩阵 B 的各个元素]\n");
33        for(i=0;i<N;i++)
34            for(j=0;j<P;j++)
35            {
36                printf("b%d%d=",i,j);
37                scanf("%d",&B[i*P+j]);
38            }
39        C = (int*)malloc(M*P*sizeof(int));
40        MatrixMultiply(A,B,C,M,N,P);
41        printf("[AxB 的结果是]\n");
42        for(i=0;i<M;i++)
43        {
44            for(j=0;j<P;j++)
45                printf("%d\t",C[i*P+j]);
46            printf("\n");
47        }
48        system("pause");
49    }
50    void MatrixMultiply(int* arrA,int* arrB,int* arrC,int M,int N,int P)
51    {
52        int i,j,k,Temp;
53        if(M<=0||N<=0||P<=0)
54        {
55            printf("[错误：维数 M,N,P 必须大于 0]\n");
56            return;
57        }
58        for(i=0;i<M;i++)
```

```
59          for(j=0;j<P;j++)
60          {
61              Temp = 0;
62              for(k=0;k<N;k++)
63              Temp = Temp + arrA[i*N+k]*arrB[k*P+j];
64              arrC[i*P+j] = Temp;
65          }
66    }
```

【执行结果】参考图 5-5。

图 5-5

5.1.3　转置矩阵

"转置矩阵"（A^t）就是把原矩阵的行坐标元素与列坐标元素相互调换。假设 A^t 为 A 的转置矩阵，则有 $A^t[j, i]=A[i, j]$，如图 5-6 所示。

$$A=\begin{bmatrix} 1 & 2 & 3 \\ 4 & 5 & 6 \\ 7 & 8 & 9 \end{bmatrix}_{3\times3} \qquad A^t=\begin{bmatrix} 1 & 4 & 7 \\ 2 & 5 & 8 \\ 3 & 6 & 9 \end{bmatrix}_{3\times3}$$

图 5-6

【范例程序：CH05_03.c】

设计一个 C 程序来实现一个 4×4 二维数组的转置矩阵。

```
01    #include <stdio.h>
02    #include <stdlib.h>
03
04    int main()
05    {
06        int arrB[4][4],i,j;
07        int arrA[4][4]={ {1,2,3,4},{5,6,7,8},{9,10,11,12},{13,14,15,16} };
08        printf("[转置前矩阵的内容]\n");
09
10        for(i=0;i<4;i++)
11        {
12            for(j=0;j<4;j++)
13            {
14                printf("%d\t",arrA[i][j]);
15            }
16            printf("\n");
17        }
18        /*进行矩阵转置的操作*/
19        for(i=0;i<4;i++)
20            for(j=0;j<4;j++)
21                arrB[i][j]=arrA[j][i];
22
23        printf("[转置矩阵的内容为]\n");
24        for(i=0;i<4;i++)
25        {
26            for(j=0;j<4;j++)
27            {
28                printf("%d\t",arrB[i][j]);
29            }
30            printf("\n");/* 打印出转置矩阵的内容 */
31        }
32        system("pause");
33        return 0;
34    }
```

【执行结果】参考图 5-7。

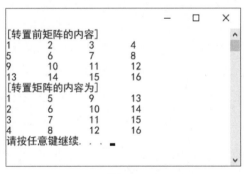

图 5-7

5.2　建立单向链表

在 C 语言中，要以动态分配产生链表节点，则必须先行定义一个结构数据类型，接着在该结构中定义一个指针字段，它的数据类型与结构相同，作用是指向下一个链表节点。另外，该结构中至少要有一个数据字段。例如，在一个学生成绩链表节点的结构声明中，要包含姓名（name）、成绩（score）两个数据字段与一个指针字段（next）。在 C 语言中可以声明如下：

```
struct student
{
    char name[20];
    int score;
    struct student *next;
} s1,s2;
```

完成结构类型的定义后，可以动态建立链表中的每个节点。假设现在要新增一个节点至链表的末尾，且 ptr 指向链表的第一个节点，在程序上必须设计 4 个步骤：

① 动态分配内存空间给新节点使用。
② 将原链表尾部的指针（next）指向新元素所在的内存位置。
③ 将 ptr 指针指向新节点的内存位置，表示这是新的链表尾部。
④ 由于新节点当前为链表的最后一个元素，因此将它的指针（next）指向 NULL。

例如，要将 s1 的 next 变量指向 s2，而且 s2 的 next 变量指向 NULL：

```
s1.next = &s2;
s2.next = NULL;
```

链表的基本特性就是 next 变量将会指向下一个节点的内存地址，因此这时 s1 节点与 s2 节点间的关系就如图 5-8 所示。

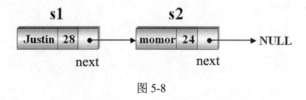

图 5-8

以下 C 程序片段是建立学生节点的单向链表的算法：

```
typedef struct student s_data;
s_data *ptr;          /* 存取指针 */
s_data *head;         /* 链表头指针 */
s_data *new_data;     /* 指向新增元素所在位置的指针 */

head = (s_data*) malloc(sizeof(s_data));    /* 新增链表头元素 */
ptr = head;      /* 设置存取指针的位置 */
ptr->next = NULL;    /* 目前无下一个元素 */

do
{
    printf("(1)新增 (2)离开 =>");
    scanf("%d", &select);
    if (select != 2)
    {
```

```
       printf("姓名 学号 数学成绩 英语成绩:");
       scanf("%s %s %d %d",ptr->name,ptr->no,&ptr->Math,&ptr->Eng);
       new_data = (s_data*) malloc(sizeof(s_data));    /* 新增下一元素 */
       ptr->next=new_data;          /* 存取指针设置为新元素所在的位置 */
       new_data->next =NULL;        /* 下一元素的 next 先设置为 null */
       ptr=ptr->next;
   }
} while (select != 2);
```

5.2.1　单向链表的串接

对于两个或两个以上链表的串接或连接（Concatenation，也称为级联），其实现方法很容易：只要将链表的首尾相连即可，如图 5-9 所示。

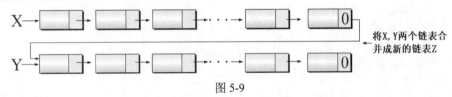

图 5-9

【范例程序：CH05_04.c】

设计一个 C 程序，将两组学生成绩的链表串接起来，并输出新的学生成绩链表。

```
01    /*
02    [示范]: 单向链表的串接
03    */
04    #include <stdio.h>
05    #include <stdlib.h>
06    #include <time.h>
07
08    struct list
09    {
10        int num,score;
11        char name[10];
12        struct list *next;
13    };
14    typedef struct list node;
15    typedef node *link;
16    link concatlist(link,link);
17
18    int main()
19    {
20        link head,ptr,newnode,last,before;
21        link head1,head2;
22        int i,j,findword=0,data[12][2];
23        /*第一组链表的姓名 */
24        char namedata1[12][10]={{"Allen"},{"Scott"},{"Marry"},
25            {"Jon"},{"Mark"},{"Ricky"},{"Lisa"},{"Jasica"},
26            {"Hanson"},{"Amy"},{"Bob"},{"Jack"}};
27        /*第二组链表的姓名 */
28        char namedata2[12][10]={{"May"},{"John"},{"Michael"},
29            {"Andy"},{"Tom"},{"Jane"},{"Yoko"},{"Axel"},
30            {"Alex"},{"Judy"},{"Kelly"},{"Lucy"}};
```

```
31      srand((unsigned)time(NULL));
32      for (i=0;i<12;i++)
33      {
34          data[i][0]=i+1;
35          data[i][1]=rand()%50+51;
36      }
37      head1=(link)malloc(sizeof(node));      /*建立第一组链表的头部*/
38      if(!head1)
39      {
40          printf("Error! 内存分配失败! \n");
41          exit(1);
42      }
43      head1->num=data[0][0];
44      for (j=0;j<10;j++)
45          head1->name[j]=namedata1[0][j];
46      head1->score=data[0][1];
47      head1->next=NULL;
48      ptr=head1;
49      for(i=1;i<12;i++)      /*建立第一组链表*/
50      {
51          newnode=(link)malloc(sizeof(node));
52          newnode->num=data[i][0];
53          for (j=0;j<10;j++)
54              newnode->name[j]=namedata1[i][j];
55          newnode->score=data[i][1];
56          newnode->next=NULL;
57          ptr->next=newnode;
58          ptr=ptr->next;
59      }
60
61      srand((unsigned)time(NULL));
62      for (i=0;i<12;i++)
63      {
64          data[i][0]=i+13;
65          data[i][1]=rand()%40+41;
66      }
67      head2=(link)malloc(sizeof(node));  /*建立第二组链表的头部*/
68      if(!head2)
69      {
70          printf("Error! 内存分配失败! \n");
71          exit(1);
72      }
73      head2->num=data[0][0];
74      for (j=0;j<10;j++)
75          head2->name[j]=namedata2[0][j];
76      head2->score=data[0][1];
77      head2->next=NULL;
78      ptr=head2;
79      for(i=1;i<12;i++)      /*建立第二组链表*/
80      {
81          newnode=(link)malloc(sizeof(node));
82          newnode->num=data[i][0];
83          for (j=0;j<10;j++)
84              newnode->name[j]=namedata2[i][j];
85          newnode->score=data[i][1];
86          newnode->next=NULL;
87          ptr->next=newnode;
88          ptr=ptr->next;
```

```
89          }
90          i=0;
91          ptr=concatlist(head1,head2);/*将链表串接起来*/
92          printf("两个链表串接的结果为: \n");
93          while (ptr!=NULL)
94          {   /*打印链表数据*/
95              printf("[%2d %6s %3d] -> ",ptr->num,ptr->name,ptr->score);
96              i++;
97              if(i>=3)   /*三个元素为一行*/
98              {
99                  printf("\n");
100                 i=0;
101             }
102             ptr=ptr->next;
103         }
104         system("pause");
105         return 0;
106     }
107     link concatlist(link ptr1,link ptr2)
108     {
109         link ptr;
110         ptr=ptr1;
111         while(ptr->next!=NULL)
112             ptr=ptr->next;
113         ptr->next=ptr2;
114         return ptr1;
115     }
```

【执行结果】参考图 5-10。

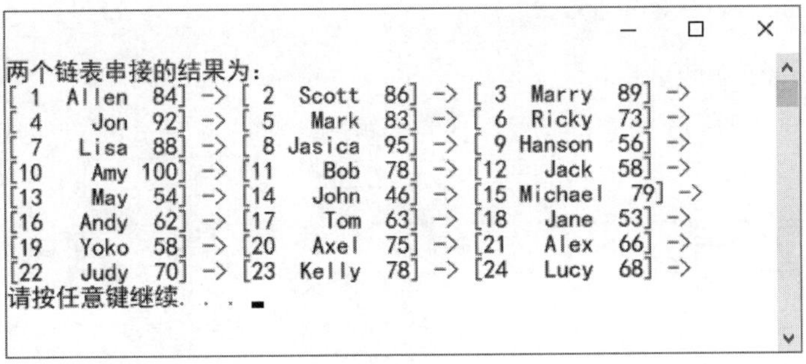

图 5-10

5.2.2 单向链表节点的删除

在单向链表类型的数据结构中，若要在链表中删除一个节点，则根据所删除节点的位置会有以下三种不同的情况。

① 删除链表的第一个节点
只要把链表头指针指向第二个节点即可，如图 5-11 所示。

图 5-11

用 C 语言描述的算法如下：

```
top = head;
head = head->next;
free(top);
```

② 删除链表的最后一个节点

只要指向最后一个节点 ptr 的指针直接指向 NULL 即可，如图 5-12 所示。

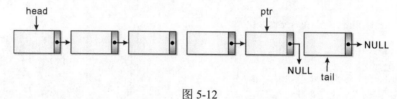

图 5-12

用 C 语言描述的算法如下：

```
ptr = tail;
ptr.next = NULL;
free(tail);
```

③ 删除链表内的中间节点

只要将删除节点的前一个节点的指针指向将要被删除节点的下一个节点即可，如图 5-13 所示。

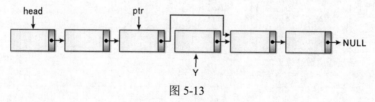

图 5-13

用 C 语言描述的算法如下：

```
Y = ptr->next;
ptr->next = Y->next;
free(Y);
```

【范例程序：CH05_05.c】

设计一个 C 程序，在员工数据的链表中删除节点，并且允许所删除的节点有在链表头部、链表末尾和链表中间 3 种不同位置的情况。在程序运行结束前，列出此链表最后所有节点的数据字段的内容。结构成员类型如下：

```
struct employee
{
```

```
    int num,score;
        char name[10];
        struct employee *next;
};
```

```
01    #include <stdio.h>
02    #include <stdlib.h>
03    #include <string.h>
04    struct employee
05    {
06        int num,score;
07        char name[10];
08        struct employee *next;
09    };
10    typedef struct employee node;
11    typedef node *link;
12    link del_ptr(link head,link ptr);
13
14    int main()
15    {
16        link head,ptr,newnode;
17        int i,j,find;
18        int findword=0;
19        char namedata[12][10]={{"Allen"},{"Scott"},{"Marry"},{"John"},
              {"Mark"},{"Ricky"},{"Lisa"},{"Jasica"},{"Hanson"},{"Amy"},
              {"Bob"},{"Jack"}};
20        int data[12][2]={ 1001,32367,1002,24388,1003,27556,1007,31299,
              1012,42660,1014,25676,1018,44145,1043,52182,1031,32769,
              1037,21100,1041,32196,1046,25776};
21        printf("员工编号 薪水 员工编号 薪水 员工编号 薪水 员工编号 薪水\n");
22        printf("--------------------------------------------------------\n");
23
24        for(i=0;i<3;i++)
25        {
26            for (j=0;j<4;j++)
27                printf("%2d  [%3d]   ",data[j*3+i][0],data[j*3+i][1]);
28            printf("\n");
29        }
30        head=(link)malloc(sizeof(node));        /*建立链表头部*/
31        if(!head)
32        {
33            printf("Error! 内存分配失败! \n");
34            exit(1);
35        }
36        head->num=data[0][0];
37        strcpy(head->name,namedata[0]);
38        head->score=data[0][1];
39        head->next=NULL;
40
41        ptr=head;
42        for(i=1;i<12;i++)                       /*建立链表*/
43        {
44            newnode=(link)malloc(sizeof(node));
45            newnode->num=data[i][0];
46            strcpy(newnode->name,namedata[i]);
47            newnode->score=data[i][1];
48            newnode->num=data[i][0];
```

```
49              newnode->next=NULL;
50              ptr->next=newnode;
51              ptr=ptr->next;
52         }
53      while(1)
54      {
55         printf("\n 请输入要删除的员工编号，要结束删除过程，请输入-1： ");
56         scanf("%d",&findword);
57         if(findword==-1)                /*循环中断条件*/
58             break;
59         else
60         {
61             ptr=head;
62             find=0;
63             while (ptr!=NULL)
64             {
65                 if(ptr->num==findword)
66                 {
67                     ptr=del_ptr(head,ptr);
68                     find++;
69                     head=ptr;
70                     break;
71                 }
72                 ptr=ptr->next;
73             }
74             if(find==0)
75             printf("######没有找到######\n");
76         }
77      }
78      ptr=head;
79      printf("\n\t 员工编号\t  姓名\t\t 薪水\n");    /*打印链表中剩余的数据*/
80      printf("\t====================================\n");
81      while(ptr!=NULL)
82      {
83         printf("\t[%2d]\t[ %-10s]\t[%3d]\n",ptr->num,ptr->name,
                   ptr->score);
84         ptr=ptr->next;
85      }
86      system("pause");
87      return 0;
88  }
89  link del_ptr(link head,link ptr)        /*删除的节点子程序*/
90  {
91      link top;
92      top=head;
93      if(ptr->num==head->num)             /*要删除的节点在链表头部*/
94      {
95         head=head->next;
96         printf("已删除第 %d 号员工 姓名：%s 薪水：%d\n",ptr->num,ptr->name,
                   ptr->score);
97      }
98      else
99      {
100        while(top->next!=ptr)            /*找到要删除节点的前一个位置*/
101        top=top->next;
102        if(ptr->next==NULL)              /*要删除的节点在链表末尾*/
103        {
104            top->next=NULL;
```

```
105                printf("已删除第 %d 号员工 姓名：%s 薪水：%d\n",ptr->num,ptr->name,
                     ptr->score);
106           }
107       else                              /*要删除的节点在链表中间*/
108       {
109           top->next=ptr->next;
110           printf("已删除第 %d 号员工 姓名：%s 薪水：%d\n",ptr->num,ptr->name,
                     ptr->score);
111       }
112   }
113   free(ptr);                            /*释放内存空间*/
114   return head;                          /*返回链表*/
115 }
```

【执行结果】参考图 5-14。

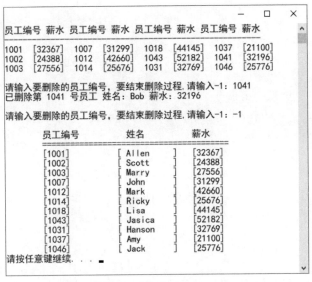

图 5-14

5.2.3　单向链表的反转

了解了单向链表节点的删除和插入之后，大家会发现在这种具有方向性的链表结构中增删节点是相当容易的一件事。要从头到尾输出整个单向链表也不难，但是如果要反转过来输出单向链表就需要某些技巧了。在单向链表中的节点特性是知道下一个节点的位置，可是却无从得知它上一个节点的位置。如果要将单向链表反转，就必须使用三个指针变量，如图 5-15 所示。

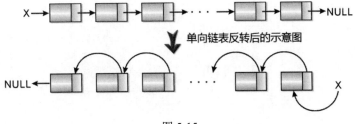

图 5-15

用 C 语言描述的算法如下：

```
struct list /*链表结构声明*/
{
    int num;           /*学生号码*/
    int score;         /*学生分数*/
    char name[10];     /*学生姓名*/
    struct list *next; /*指向下一个节点*/
};
typedef struct list node;    /*定义链表节点的新数据类型*/
typedef node *link;          /*定义链表节点链接的新数据类型*/
link invert(link x)          /*x 为链表的开始指针*/
{
    link p,q,r;
    p=x;        /*将 p 指向链表的开头*/
    q=NULL;    /*q 是 p 的前一个节点*/
    while(p!=NULL)
    {
        r=q;    /*将 r 接到 q 之后 */
        q=p;    /*将 q 接到 p 之后 */
        p=p->next; /*p 移到下一个节点*/
        q->next=r; /*q 链接到之前的节点 */
    }
    return q;
}
```

在算法 invert(X) 中，使用了 p、q、r 三个指针变量，链表演变过程如下：

① 执行 while 循环前，如图 5-16 所示。

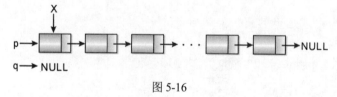

图 5-16

② 第一次执行 while 循环，如图 5-17 所示。

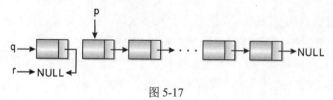

图 5-17

③ 第二次执行 while 循环，如图 5-18 所示。

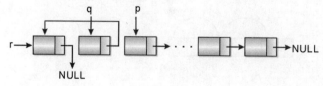

图 5-18

当执行到 p = NULL 时，单向链表就整个反转过来了。

【范例程序：CH05_06.c】

设计一个 C 程序，延续范例 CH05_05.c，将员工数据的链表节点按照员工编号反转打印出来。

```
01   #include <stdio.h>
02   #include <stdlib.h>
03
04
05   struct employee
06   {
07       int num,score;
08       char name[10];
09       struct employee *next;
10   };
11   typedef struct employee node;
12   typedef node *link;
13
14   int main()
15   {
16       link head,ptr,newnode,last,before;
17       int i,j,findword=0;
18       char namedata[12][10]={{"Allen"},{"Scott"},{"Marry"},
19           {"Jon"},{"Mark"},{"Ricky"},{"Lisa"},{"Jasica"},
20           {"Hanson"},{"Amy"},{"Bob"},{"Jack"}};
21       int data[12][2]={ 1001,32367,1002,24388,1003,27556,1007,31299,
22           1012,42660,1014,25676,1018,44145,1043,52182,1031,32769,
                 1037,21100,1041,32196,1046,25776};
23       head=(link)malloc(sizeof(node)); /*建立链表头部*/
24       if(!head)
25       {
26           printf("Error! 内存分配失败! \n");
27           exit(1);
28       }
29       head->num=data[0][0];
30       for (j=0;j<10;j++)
31           head->name[j]=namedata[0][j];
32       head->score=data[0][1];
33       head->next=NULL;
34       ptr=head;
35       for(i=1;i<12;i++)  /*建立链表*/
36       {
37           newnode=(link)malloc(sizeof(node));
38           newnode->num=data[i][0];
39           for (j=0;j<10;j++)
40               newnode->name[j]=namedata[i][j];
41           newnode->score=data[i][1];
42           newnode->next=NULL;
43           ptr->next=newnode;
44           ptr=ptr->next;
45       }
46       ptr=head;
47       i=0;
48       printf("反转前的员工链表节点数据: \n");
49       while (ptr!=NULL)
50       {   /*打印链表数据*/
51           printf("[%2d %6s %3d] -> ",ptr->num,ptr->name,ptr->score);
```

```
52          i++;
53          if(i>=3)    /*三个元素为一行*/
54          {
55              printf("\n");
56              i=0;
57          }
58          ptr=ptr->next;
59      }
60      ptr=head;
61      before=NULL;
62      printf("\n 反转后的员工链表节点数据：\n");
63      while(ptr!=NULL)    /*链表反转，利用三个指针*/
64      {
65          last=before;
66          before=ptr;
67          ptr=ptr->next;
68          before->next=last;
69      }
70      ptr=before;
71      while(ptr!=NULL)
72      {
73          printf("[%2d %6s %3d] -> ",ptr->num,ptr->name,ptr->score);
74          i++;
75          if(i>=3)
76          {
77              printf("\n");
78              i=0;
79          }
80          ptr=ptr->next;
81      }
82      system("pause");
83      return 0;
84  }
```

【执行结果】参考图 5-19。

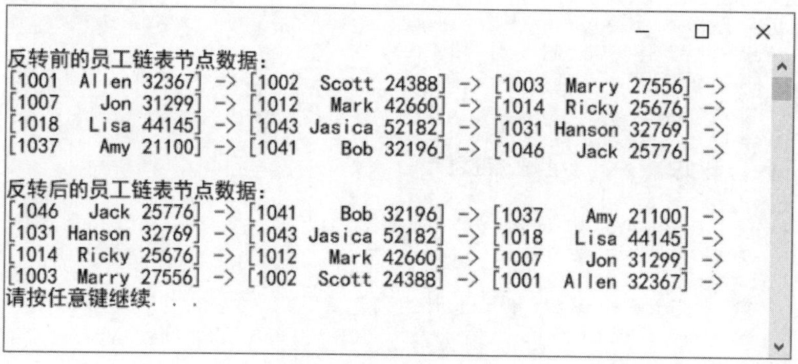

图 5-19

课后习题

1. 数组结构类型通常包含哪几个属性？

2. 在 n 个数据的链表中查找一个数据，若以平均所需要用的时间来考虑，其时间复杂度是什么？

3. 什么是转置矩阵？试简单举例说明。

4. 在单向链表类型的数据结构中，根据所删除节点的位置会有哪三种不同的情形？

第6章

堆栈与队列算法

堆栈结构在计算机领域中的应用相当广泛，常用于计算机程序的运行，例如递归调用、子程序的调用。在日常生活中的应用也随处可以看到，例如大楼的电梯（见图6-1）、货架上的商品等，其原理都类似于堆栈这样的数据结构。

图 6-1

队列在计算机领域中的应用相当广泛，例如计算机的模拟（Simulation）、CPU 的作业调度（Job Scheduling）、外围设备联机并发处理系统的应用以及图遍历的广度优先搜索法（BFS）。

堆栈与队列都是抽象数据类型（Abstract Data Type，ADT）。本章将为大家介绍相关的算法，首先介绍堆栈在 C 程序设计中的两种设计方式：数组结构与链表结构。

6.1 以数组来实现堆栈

以数组结构来实现堆栈的好处是设计的算法都相当简单。不过，如果堆栈本身的大小是变动的，而数组大小只能事先规划和声明好，那么数组规划太大了又浪费空间，规划太小了则不够用，这是以数组来实现堆栈的缺点。

用 C 语言以数组来实现堆栈操作的相关算法如下：

```
int isEmpty()   /*判断堆栈是否为空堆栈 */
```

```
{
    if(top==-1) return 1;
    else return 0;
}
```

```
int push(int data)  /* 将指定的数据压入堆栈的顶端 */
{
    if(top>=MAXSTACK)
    {
        printf("堆栈已满，无法再加入\n");
        return 0;
    }
    else
    {
        stack[++top]=data; /*将数据压入堆栈*/
        return 1;

    }
}
```

```
int pop()
{
    if(isEmpty())  /*判断堆栈是否为空，如果是，则返回-1*/
        return -1;
    else
        return stack[top--]; /*先从堆栈弹出数据，再将堆栈指针往下移*/
}
```

【范例程序：CH06_01.c】

使用数组结构来设计一个 C 程序，用循环来控制元素压入堆栈或弹出堆栈，并仿真堆栈的各种操作，此堆栈最多可容纳 100 个元素，其中必须包括压入（push）与弹出（pop）函数，并在最后输出堆栈内的所有元素。

```
01    #include <stdio.h>
02    #include <stdlib.h>
03    #define MAXSTACK 100 /*定义堆栈的最大容量*/
04
05    int stack[MAXSTACK]; /*堆栈的数组声明*/
06    int top=-1; /*堆栈的顶端*/
07    /*判断是否为空堆栈*/
08    int isEmpty()
09    {
10        if(top==-1) return 1;
11        else return 0;
12    }
13    /*将指定的数据压入堆栈*/
14    int push(int data)
15    {
16        if(top>=MAXSTACK)
17        {
18            printf("堆栈已满，无法再压入\n");
```

```
19          return 0;
20      }
21      else
22      {
23          stack[++top]=data;  /*将数据压入堆栈*/
24          return 1;
25
26      }
27  }
28  /*从堆栈弹出数据*/
29  int pop()
30  {
31      if(isEmpty())  /*判断堆栈是否为空，如果是，则返回-1*/
32          return -1;
33      else
34          return stack[top--];  /*先从堆栈弹出数据，再将堆栈指针往下移*/
35  }
36  /*主程序*/
37  int main()
38  {
39      int value;
40      int i;
41      do
42      {
43          printf("要把数据压入堆栈，请输入1，要从堆栈弹出数据则输入0，停止操作则输入-1:
    ");
44          scanf("%d",&i);
45          if(i==-1)
46              break;
47          else if (i==1)
48          {
49              printf("请输入数据: ");
50              scanf("%d",&value);
51              push(value);
52          }
53          else if(i==0)
54              printf("从堆栈弹出的数据为%d\n",pop());
55      } while(i!=-1);
56
57      printf("===========================\n");
58      while(!isEmpty())  /*将数据陆续从堆栈顶端弹出*/
59          printf("从堆栈弹出数据的顺序为:%d\n",pop());
60      printf("===========================\n");
61      system("pause");
62      return 0;
63  }
```

【执行结果】参考图 6-2。

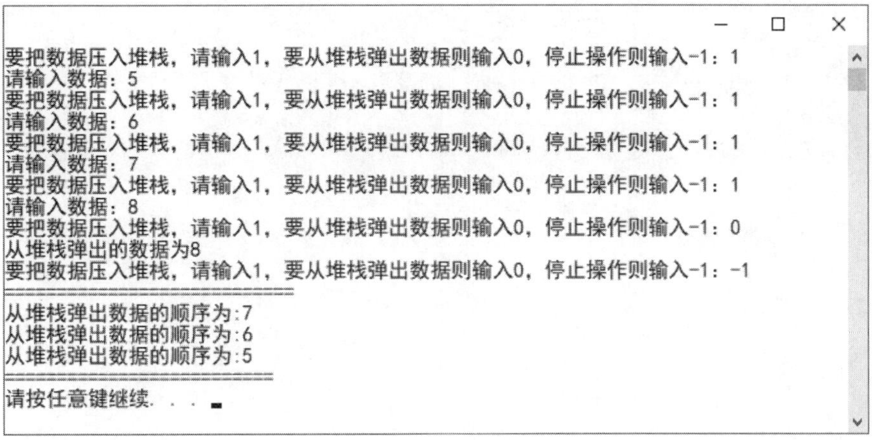

图 6-2

6.2　以链表来实现堆栈

以链表来实现堆栈的优点是随时可以动态改变链表长度，能够有效利用内存资源，不过缺点是设计的算法较为复杂。

用 C 语言以链表来实现堆栈操作的相关算法如下：

```c
struct Node              /*堆栈链表节点的声明*/
{
    int data;            /*堆栈数据的声明*/
    struct Node *next;   /*堆栈中用来指向下一个节点的指针*/
};
typedef struct Node Stack_Node;        /*定义堆栈中节点的新数据类型*/
typedef Stack_Node *Linked_Stack;      /*定义链表堆栈的新数据类型*/
Linked_Stack top=NULL;                 /*指向堆栈顶端的指针*/
```

```c
int isEmpty()    /*判断是否为空堆栈*/
{
    if(top==NULL) return 1;
    else return 0;
}
```

```c
void push(int data)                    /*将指定的数据压入堆栈*/
{
    Linked_Stack new_add_node;   /*新加入节点的指针*/
    /*给新节点分配内存*/
    new_add_node=(Linked_Stack)malloc(sizeof(Stack_Node));
    new_add_node->data=data;       /*将传入的值指定为节点的内容*/
    new_add_node->next=top;        /*将新节点指向堆栈的顶端*/
    top=new_add_node;              /*新节点成为堆栈的顶端*/
}
```

```
int pop()                    /*从堆栈弹出数据*/
{
    Linked_Stack ptr;        /*指向堆栈顶端的指针*/
    int temp;
    if(isEmpty())            /*判断堆栈是否为空，如果是则返回-1*/
    {
        printf("===目前为空堆栈===\n");
        return -1;
    }
    else
    {
        ptr=top;             /*指向堆栈的顶端*/
        top=top->next;       /*将堆栈顶端的指针指向下一个节点*/
        temp=ptr->data;      /*弹出堆栈的数据*/
        free(ptr);           /*将节点占用的内存释放*/
        return temp;         /*将从堆栈弹出的数据返回给主程序*/
    }
}
```

【范例程序：CH06_02.c】

设计一个 C 程序，以链表来实现堆栈操作，并使用循环来控制元素的压入堆栈或弹出堆栈，其中必须包括压入（push）与弹出（pop）函数，并在最后输出堆栈内的所有元素。

```
01    #include <stdio.h>
02    #include <stdlib.h>
03
04    struct Node               /*堆栈链表节点的声明*/
05    {
06        int data;             /*堆栈数据的声明*/
07        struct Node *next;    /*堆栈中用来指向下一个节点的指针*/
08    };
09    typedef struct Node Stack_Node;    /*定义堆栈中节点的新数据类型*/
10    typedef Stack_Node *Linked_Stack;  /*定义链表堆栈的新数据类型*/
11    Linked_Stack top=NULL;             /*指向堆栈顶端的指针*/
12    int isEmpty();
13    int pop();
14    void push(int data);
15    /*判断是否为空堆栈*/
16
17    /*主程序*/
18    int main()
19    {
20        int value;
21        int i;
22
23        do
24        {
25            printf("要把数据压入堆栈，请输入 1，要从堆栈弹出数据则输入 0，停止操作则输入-1:
");
26            scanf("%d",&i);
27            if(i==-1)
28                break;
29            else if (i==1)
```

```
30          {
31              printf("请输入数据：");
32              scanf("%d",&value);
33              push(value);
34          }
35          else if(i==0)
36              printf("弹出的数据为%d\n",pop());
37      } while(i!=-1);
38      printf("==============================\n");
39      while(!isEmpty())  /*将数据陆续从堆栈顶端弹出*/
40          printf("堆栈弹出数据的顺序为：%d\n",pop());
41      printf("===========================\n");
42
43      system("pause");
44      return 0;
45  }
46  int isEmpty()
47  {
48      if(top==NULL) return 1;
49      else return 0;
50  }
51  /*将指定的数据压入堆栈*/
52  void push(int data)
53  {
54      Linked_Stack new_add_node; /*新加入节点的指针*/
55      /*给新节点分配内存*/
56      new_add_node=(Linked_Stack)malloc(sizeof(Stack_Node));
57      new_add_node->data=data;    /*将传入的值指定为节点的内容*/
58      new_add_node->next=top;     /*将新节点指向堆栈的顶端*/
59      top=new_add_node;           /*新节点成为堆栈的顶端*/
60  }
61  /*从堆栈弹出数据*/
62  int pop()
63  {
64      Linked_Stack ptr; /*指向堆栈顶端的指针*/
65      int temp;
66      if(isEmpty())       /*判断堆栈是否为空，如果是，则返回-1*/
67      {
68          printf("===目前为空堆栈===\n");
69          return -1;
70      }
71      else
72      {
73          ptr=top;        /*指向堆栈的顶端*/
74          top=top->next; /*将堆栈顶端的指针指向下一个节点*/
75          temp=ptr->data;/*从堆栈弹出的数据*/
76          free(ptr);      /*将节点占用的内存释放*/
77          return temp;    /*将从堆栈弹出的数据返回给主程序*/
78      }
79  }
```

【执行结果】参考图6-3。

```
— □ ×
要把数据压入堆栈，请输入1，要从堆栈弹出数据则输入0，停止操作则输入-1: 1
请输入数据: 8
要把数据压入堆栈，请输入1，要从堆栈弹出数据则输入0，停止操作则输入-1: 1
请输入数据: 6
要把数据压入堆栈，请输入1，要从堆栈弹出数据则输入0，停止操作则输入-1: 1
请输入数据: 7
要把数据压入堆栈，请输入1，要从堆栈弹出数据则输入0，停止操作则输入-1: 1
请输入数据: 5
要把数据压入堆栈，请输入1，要从堆栈弹出数据则输入0，停止操作则输入-1: 0
弹出的数据为5
要把数据压入堆栈，请输入1，要从堆栈弹出数据则输入0，停止操作则输入-1: -1

堆栈弹出数据的顺序为: 7
堆栈弹出数据的顺序为: 6
堆栈弹出数据的顺序为: 8

请按任意键继续. . .
```

图 6-3

6.3 汉诺塔问题的求解算法

法国数学家 Lucas 在 1883 年介绍了一个十分经典的汉诺塔（Tower of Hanoi）智力游戏，就是使用递归法与堆栈概念来解决问题的典型范例（见图 6-4）。内容是说在古印度神庙，庙中有三根木桩，天神希望和尚们把某些数量大小不同的圆盘从第一个木桩全部移动到第三个木桩。

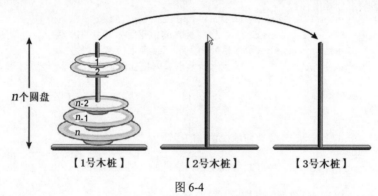

图 6-4

从更精确的角度来说，汉诺塔问题可以这样描述：假设有 1 号、2 号、3 号共三个木桩和 n 个大小均不相同的圆盘（Disc），从小到大编号为 1,2,3,…,n，编号越大，直径越大。开始的时候，n 个圆盘都套在 1 号木桩上，现在希望能找到以 2 号木桩为中间桥梁，将 1 号木桩上的圆盘全部移到 3 号木桩上次数最少的方法。在搬动时还必须遵守以下规则：

（1）直径较小的圆盘永远只能置于直径较大的圆盘上。

（2）圆盘可任意地从任何一个木桩移到其他的木桩上。

（3）每一次只能移动一个圆盘，而且只能从最上面的开始移动。

现在我们考虑 n=1~3 的情况，以图示方式示范求解汉诺塔问题的步骤。

1. n = 1 个圆盘（见图 6-5）

直接把圆盘从 1 号木桩移动到 3 号木桩。

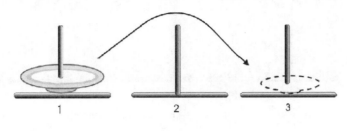

图 6-5

2. n = 2 个圆盘（见图 6-6~图 6-9）

① 将 1 号圆盘从 1 号木桩移动到 2 号木桩。

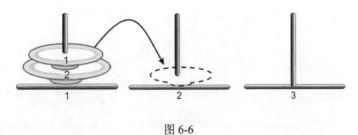

图 6-6

② 将 2 号圆盘从 1 号木桩移动到 3 号木桩。

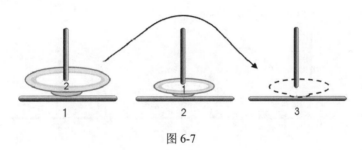

图 6-7

③ 将 1 号圆盘从 2 号木桩移动到 3 号木桩。

图 6-8

④ 完成。

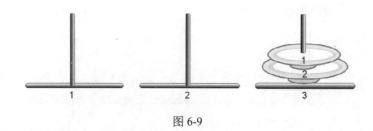

图 6-9

结论：移动了 $2^2-1=3$ 次，圆盘移动的次序为 1,2,1（此处为圆盘次序）。

步骤：$1\rightarrow2$，$1\rightarrow3$，$2\rightarrow3$（此处为木桩次序）

3. $n=3$ 个圆盘（见图 6-10~图 6-17）

（1）将 1 号圆盘从 1 号木桩移动到 3 号木桩。

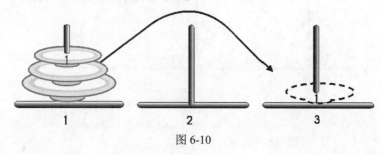

图 6-10

（2）将 2 号圆盘从 1 号木桩移动到 2 号木桩。

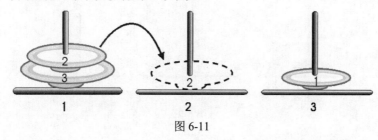

图 6-11

（3）将 1 号圆盘从 3 号木桩移动到 2 号木桩。

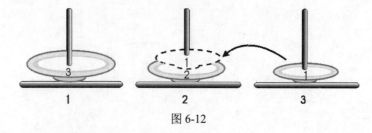

图 6-12

（4）将 3 号圆盘从 1 号木桩移动到 3 号木桩。

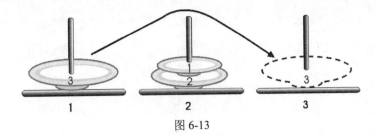

图 6-13

（5）将 1 号圆盘从 2 号木桩移动到 1 号木桩。

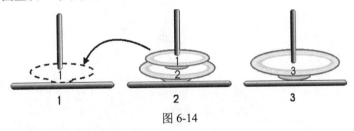

图 6-14

（6）将 2 号圆盘从 2 号木桩移动到 3 号木桩。

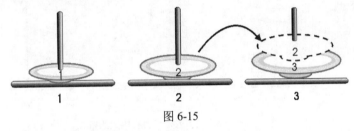

图 6-15

（7）将 1 号圆盘从 1 号木桩移动到 3 号木桩。

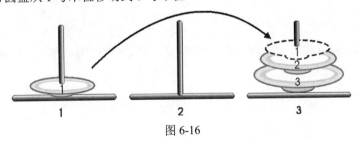

图 6-16

（8）完成。

图 6-17

结论：移动了 $2^3-1=7$ 次，圆盘移动的次序为 1,2,1,3,1,2,1（圆盘的次序）。

步骤：1→3，1→2，3→2，1→3，2→1，2→3，1→3（木桩次序）。

当有 4 个圆盘时，我们实际操作后（在此不用插图说明），圆盘移动的次序为 121312141213121，而移动木桩的顺序为 1→2，1→3，2→3，1→2，3→1，3→2，1→2，1→3，2→3，2→1，3→1，2→3，1→2，1→3，2→3，移动次数为 $2^4-1=15$。

当 n 的值不大时，大家可以逐步用图解办法解决问题，但 n 的值较大时，那就十分伤脑筋了。事实上，我们可以得出一个结论，例如当有 n 个圆盘时，可将汉诺塔问题归纳成三个步骤（参考图 6-18）。

步骤 01 将 n-1 个圆盘从木桩 1 移动到木桩 2。

步骤 02 将第 n 个最大圆盘从木桩 1 移动到木桩 3。

步骤 03 将 n-1 个圆盘从木桩 2 移动到木桩 3。

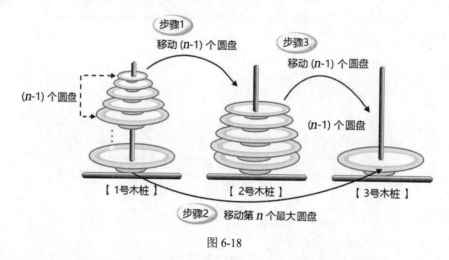

图 6-18

根据上面的分析和图解，大家应该可以发现汉诺塔问题非常适合用递归方式与堆栈数据结构来求解。因为汉诺塔问题满足了递归的两大特性：① 有反复执行的过程；②有退出递归的出口。以下是求解汉诺塔问题的范例程序，其中包含了递归函数（算法）。

```
void hanoi(int n, int p1, int p2, int p3)
{
    if (n==1) //递归出口
        printf("圆盘从 %d 移到 %d\n", p1, p3);
    else
    {
        hanoi(n-1, p1, p3, p2);
        printf("圆盘从 %d 移到 %d\n", p1, p3);
        hanoi(n-1, p2, p1, p3);
    }
}
```

【范例程序：CH06_03.c】

设计一个 C 程序，以递归式来实现汉诺塔算法的求解。

```
01    #include <stdio.h>
02    #include <stdlib.h>
03
04    void hanoi(int, int, int, int);        /* 函数原型 */
05
06    int main()
07    {
08        int j;
09        printf("请输入圆盘数量：");
10        scanf("%d", &j);
11        hanoi(j,1, 2, 3);
12
13        system("pause");
14        return 0;
15    }
16
17    void hanoi(int n, int p1, int p2, int p3)
18    {
19        if (n==1) /* 递归出口 */
20            printf("圆盘从 %d 移到 %d\n", p1, p3);
21        else
22        {
23            hanoi(n-1, p1, p3, p2);
24            printf("圆盘从 %d 移到 %d\n", p1, p3);
25            hanoi(n-1, p2, p1, p3);
26        }
27    }
```

【执行结果】参考图 6-19。

图 6-19

6.4　八皇后问题的求解算法

八皇后问题也是一种常见的堆栈应用实例。在国际象棋中的皇后可以在没有限定一步走几格的前提下，对棋盘中的其他棋子直吃、横吃和对角斜吃（左斜吃或右斜吃均可）。现在要放入多个皇后到棋盘上，相互之间还不能互相吃到对方。后放入的新皇后，放入前必须考虑所放位置的直线方向、横线方向或对角线方向是否已被放置了旧皇后，否则就会被先放入的旧皇后吃掉。

利用这种概念，我们可以将其应用在 4×4 的棋盘，就称为四皇后问题；应用在 8×8 的棋盘，就称为八皇后问题；应用在 N×N 的棋盘，就称为 N 皇后问题。要解决 N 皇后问题（在此我们以八皇后为例），首先在棋盘中放入一个新皇后，且不会被先前放置的旧皇后吃掉，就将这个新皇后的位置压入堆栈。

如果放置新皇后的该行（或该列）的 8 个位置都没有办法放置新皇后（放入任何一个位置，都会被先前放置的旧皇后给吃掉），就必须从堆栈中弹出前一个皇后的位置，并在该行（或该列）中重新寻找一个新的位置，再将该位置压入堆栈中，这种方式就是一种回溯（Backtracking）算法的应用。

N 皇后问题的解答就是结合堆栈和回溯两种数据结构，以逐行（或逐列）寻找新皇后合适的位置（如果找不到，则回溯到前一行寻找前一个皇后的另一个新位置，以此类推）的方式来寻找 N 皇后问题的其中一组解答。

下面分别是四皇后和八皇后在堆栈存放的内容以及对应棋盘的其中一组解，如图 6-20 和图 6-21 所示。

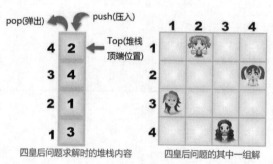

图 6-20

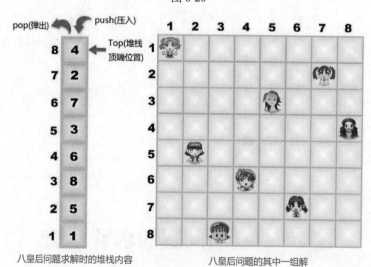

图 6-21

【范例程序：CH06_04.c】

设计一个 C 程序来计算八皇后问题共有几组解。

```
01    #include <stdio.h>
02    #define EIGHT 8      /*定义堆栈的最大容量*/
03    #define TRUE 1
04    #define FALSE 0
05    int queen[EIGHT];    /*存放 8 个皇后的行位置*/
06    int number=0;        /*计算总共有几组解*/
07    /*决定皇后存放的位置*/
08    /*输出所需要的结果*/
09    int print_table()
10    {
11        int x=0,y=0;
12        number+=1;
13        printf("\n");
14        printf("八皇后问题的第%d 组解\n\t",number);
15        for(x=0;x<EIGHT;x++)
16        {
17            for(y=0;y<EIGHT;y++)
18                if(x==queen[y])
19                    printf("<q>");
20                else
21                    printf("<->");
22            printf("\n\t");
23        }
24        system("pause");
25        return 0;
26    }
27    void decide_position(int value)
28    {
29        int i=0;
30        while(i<EIGHT)
31        {
32        /*是否受到攻击的判断式*/
33            if(attack(i,value)!=1)
34            {
35                queen[value]=i;
36                if(value==7)
37                    print_table();
38                else
39                    decide_position(value+1);
40            }
41            i++;
42        }
43    }
44    /*测试在(row,col)上的皇后是否遭受攻击
45      若遭受攻击则返回值为 1，否则返回 0*/
46    int attack(int row,int col)
47    {
48        int i=0,atk=FALSE;
49        int offset_row=0,offset_col=0;
50        while((atk!=1)&&i<col)
51        {
52            offset_col=abs(i-col);
53            offset_row=abs(queen[i]-row);
54            /*判断两皇后是否在同一行或同一对角线上*/
```

```
55          if((queen[i]==row)||(offset_row==offset_col))
56              atk=TRUE;
57          i++;
58      }
59      return atk;
60  }
61
62  /*主程序*/
63  int main(void)
64  {
65      decide_position(0);
66      return 0;
67  }
```

【执行结果】参考图 6-22。

图 6-22

6.5 以数组来实现队列

用数组结构来实现队列的好处是算法相当简单，不过与堆栈不同的是需要拥有两种基本操作：加入与删除，而且要使用 front 与 rear 两个指针来分别指向队列的前端与末尾，缺点是数组大小无法根据队列的实际需要来动态申请，只能声明固定的大小。现在我们声明一个有限容量的数组，并以下列图解来一一说明：

```
#define MAXSIZE  4
int queue[MAXSIZE]; /* 队列大小为4 */
int front=-1;
int rear=-1;
```

① 开始时,我们将 front 与 rear 都预设为-1,当 front = rear 时,为空队列。

事件说明	front	rear	Q(0)	Q(1)	Q(2)	Q(3)
空队列 Q	-1	-1				

② 加入 dataA, front = -1, rear = 0, 每加入一个元素,将 rear 值加 1。

加入 dataA	-1	0	dataA			

③ 加入 dataB、dataC, front = -1, rear = 2。

加入 dataB、dataC	-1	2	dataA	dataB	dataC	

④ 取出 dataA, front = 0, rear = 2, 每取出一个元素,将 front 值加 1。

取出 dataA	0	2		dataB	dataC	

⑤ 加入 dataD, front = 0, rear = 3, 此时 rear = MAX SIZE-1, 表示队列已满。

加入 dataD	0	3		dataB	dataC	dataD

⑥ 取出 dataB, front = 1, rear = 3。

取出 dataB	1	3			dataC	dataD

以上队列操作的过程可以用 C 语言以数组来实现,相关算法编写如下:

```
#define MAX_SIZE 100 /* 队列的最大容量 */
int queue[MAX_SIZE];
int front=-1;
int rear=-1; /* 空队列时, front=-1, rear=-1 */
/* front 和 rear 皆为全局变量 */
```

```
void  enqueue(int item) /*将新数据加入Q的末尾,返回新队列*/
{
    if (rear==MAX_SIZE-1)
      printf("%s","队列已满! ");
    else
    {
       rear++;
       queue[rear]=item;
     /* 将新数据加到队列的末尾 */
}
```

```
void dequeue(int item) /*删除队列前端的数据,返回新队列*/
{
    if (front==rear)
      printf("%s","队列已空! ");
```

```
          else
          {
              front++;
              item=queue[front];
          }
      } /* 删除队列前端的数据 */


      void FRONT_VALUE(int *queue)   /*返回队列前端的数据*/
      {
          if (front==rear)
              printf("%s"," 这是空队列");
          else
              printf("%s", queue[front]);
      } /* 返回队列前端的数据 */
```

【范例程序：CH06_05.c】

设计一个 C 程序来实现队列的操作，要加入数据时输入"a"，要取出数据时输入"d"，并直接打印输出队列前端的数据，要结束时则按"e"。

```
01    #include <stdio.h>
02    #include <stdlib.h>
03    #include <conio.h>
04    #define MAX 10        /*定义队列的大小*/
05
06    int main()
07    {
08        int front,rear,val,queue[MAX]={0};
09        char choice;
10        front=rear=-1;
11        while(rear<MAX-1 && choice!='e')
12        {
13            printf("[a]表示加入一个数据，[d]表示取出一个数据，[e]表示跳出此程序：");
14            choice=getche();
15            switch(choice)
16            {
17                case 'a':
18                    printf("\n[请输入数据]: ");
19                    scanf("%d",&val);
20                    rear++;
21                    queue[rear]=val;
22                    break;
23                case 'd':
24                    if(rear>front)
25                    {
26                        front++;
27                        printf("\n[从队列中取出的数据为]: [%d]\n",queue[front]);
28                        queue[front]=0;
29                    }
30                    else
31                    {
32                        printf("\n[队列已经空了]\n");
33                        exit(0);
34                    }
35                    break;
```

```
36              default:
37                  printf("\n");
38                  break;
39          }
40      }
41      printf("\n-------------------------------------------\n");
42      printf("[输出队列中的所有数据]: ");
43
44      if(rear==MAX-1)
45          printf("[队列已满]\n");
46      else if (front>=rear)
47      {
48          printf("没有\n");
49          printf("[队列已空]\n");
50      }
51      else
52      {
53          while (rear>front)
54          {
55              front++;
56              printf("[%d] ",queue[front]);
57          }
58          printf("\n");
59          printf("-------------------------------------------\n");
60      }
61      printf("\n");
62
63      system("pause");
64      return 0;
65  }
```

【执行结果】参考图 6-23。

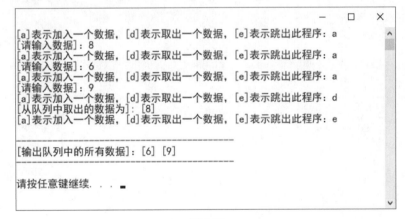

图 6-23

6.6 以链表来实现队列

队列除了能以数组的方式来实现外，也可以用链表来实现。在声明队列的类中，除了和队列相关的方法外，还必须有指向队列前端和队列末尾的指针，即 front 和 rear。例如，我们以学生姓名和成绩的结构数据来建立队列的节点，加上 front 与 rear 指针，这个类的声明如下：

```c
struct student
{
    char name[20];
    int score;
    struct student *next;
};
typedef struct student s_data;

s_data *front =NULL;
s_data *rear = NULL;
```

在队列中加入新节点，等于加到此队列的末端；在队列中删除节点，就是将此队列最前端的节点删除。用 C 语言编写的队列加入与删除操作如下：

```c
int enqueue(char* name, int score)
{
    s_data *new_data;

    new_data = (s_data*) malloc(sizeof(s_data));  /* 分配内存给队列的新元素 */
    strcpy(new_data->name, name);     /* 设置队列新元素的数据 */
    new_data->score = score;
    if (rear == NULL)                 /* 如果 rear 为 NULL，表示这是队列的第一个元素 */
        front = new_data;
    else
        rear->next = new_data;        /* 将新元素连接到队列末尾*/

    rear = new_data;                  /* 将 rear 指向新元素，这是新的队列末尾*/
    new_data->next = NULL;            /* 新元素之后无其他元素 */
}
```

```c
int dequeue()
{
    s_data *freeme;
    if (front == NULL)
        puts("队列已空！");
    else
    {
        printf("姓名：%s\t 成绩：%d ....取出\n", front->name, front->score);
        freeme = front;               /* 设置指向将要释放的队列元素的指针 */
        front = front->next;          /* 将队列前端移至下一个元素 */
        free(freeme);                 /* 释放所取出的队列元素占用的内存 */
    }
}
```

【范例程序：CH06_06.c】

使用链表结构来设计一个 C 程序，链表中元素节点仍为学生姓名及成绩的结构数据。本程序还包含队列数据的加入和取出，以及队列遍历的操作：

```
struct student
{
    char name[20];
    int score;
    struct student *next;
};
typedef struct student s_data;
```

```
01    #include <stdio.h>
02    #include <stdlib.h>
03    #include <string.h>
04
05    int enqueue(char*, int);      /* 把数据加入队列*/
06    int dequeue();                /* 从队列中取出数据 */
07    int show();                   /* 显示队列中的数据 */
08
09    struct student
10    {
11        char name[20];
12        int score;
13        struct student *next;
14    };
15    typedef struct student s_data;
16
17    s_data *front =NULL;
18    s_data *rear = NULL;
19
20    int main()
21    {
22        int select, score;
23        char name[20];
24
25        do
26        {
27            printf("(1)加入 (2)取出 (3)显示 (4)离开 => ");
28            scanf("%d", &select);
29            switch (select)
30            {
31                case 1:
32                    printf("姓名 成绩: ");
33                    scanf("%s %d", name, &score);
34                    enqueue(name, score);
35                    break;
36                case 2:
37                    dequeue();
38                    break;
39                case 3:
40                    show();
41                    break;
42            }
43        } while (select != 4);
44
45        system("pause");
46        return 0;
47    }
48
49
```

```
50    int enqueue(char* name, int score)
51    {
52        s_data *new_data;
53
54        new_data = (s_data*) malloc(sizeof(s_data));  /* 分配内存给队列的新元素 */
55        strcpy(new_data->name, name);    /* 设置队列新元素的数据 */
56        new_data->score = score;
57        if (rear == NULL)              /* 如果 rear 为 NULL，表示这是队列的第一个元素 */
58            front = new_data;
59        else
60            rear->next = new_data;   /* 将新元素连接至队列末尾*/
61
62        rear = new_data;              /* 将 rear 指向新元素，这是新的队列末尾*/
63        new_data->next = NULL;        /* 新元素之后无其他元素 */
64    }
65
66
67    int dequeue()
68    {
69        s_data *freeme;
70        if (front == NULL)
71            puts("队列已空！");
72        else
73        {
74            printf("姓名：%s\t 成绩：%d ....取出\n", front->name, front->score);
75            freeme = front;             /* 设置指向将要释放的队列元素的指针 */
76            front = front->next;      /* 将队列前端移至下一个元素 */
77            free(freeme);               /* 释放所取出的队列元素占用的内存 */
78        }
79    }
80
81    int show()
82    {
83        s_data *ptr;
84        ptr = front;
85        if (ptr == NULL)
86            puts("队列已空！");
87        else
88        {
89        puts("front -> rear");
90            while (ptr != NULL)     /* 从 front 到 rear 遍历队列 */
91            {
92                printf("姓名：%s\t 成绩：%d\n", ptr->name, ptr->score);
93                ptr = ptr->next;
94            }
95        }
96    }
```

【执行结果】参考图 6-24。

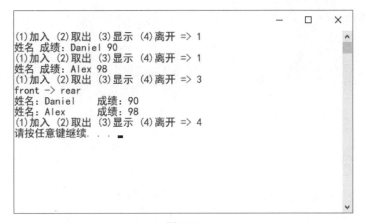

图 6-24

6.7　双向队列

双向队列（Double Ended Queues，DEQue）为一个有序线性表，加入与删除操作可在队列的任意一端进行，如图 6-25 所示。

图 6-25

具体来说，双向队列就是允许队列两端中的任意一端都具备删除和加入功能，而且无论是队列的左端还是右端，队首与队尾指针都是朝队列中央来移动的。通常在一般的应用上，双向队列的应用可以区分为两种：一种是数据只能从一端加入，但可从两端取出；另一种则是可从两端加入，但从一端取出。下面我们将讨论第一种输入限制的双向队列，用 C 语言描述的节点声明、加入与删除算法如下：

```
struct Node
{
    int data;
    struct Node *next;
};
typedef struct Node QueueNode;
typedef QueueNode *QueueByLinkedList;
QueueByLinkedList front=NULL;
QueueByLinkedList rear=NULL;
```

```
void enqueue(int value) /*函数 enqueue：队列数据的加入*/
{
    QueueByLinkedList node; /*建立节点*/
```

```
    node=(QueueByLinkedList)malloc(sizeof(QueueNode));
    node->data=value;
    node->next=NULL;
    /*检查是否为空队列*/
    if (rear==NULL)
        front=node;                /*新建立的节点成为第 1 个节点*/
    else
        rear->next=node;           /*将节点加入到队列的末尾*/
    rear=node;                     /*将队列的末尾指针指向新加入的节点*/
}
```

```
int dequeue(int action) /*函数 dequeue：队列数据的取出*/
{
    int value;
    QueueByLinkedList tempNode,startNode;
    /*从队列前端取出数据*/
    if (!(front==NULL) && action==1)
    {
        if(front==rear) rear=NULL;
        value=front->data;         /*将队列数据从前端取出*/
        front=front->next;         /*将队列的前端指针指向下一个*/
        return value;
    }
    /*从队列末尾取出数据*/
    else if(!(rear==NULL) && action==2)
    {
        startNode=front;           /*先记下队列前端的指针值*/
        value=rear->data;          /*取出队列当前末尾的数据*/
        /*查找队列末尾节点的前一个节点*/
        tempNode=front;
        while (front->next!=rear && front->next!=NULL)
        {
            front=front->next;
            tempNode=front;
        }
        front=startNode;           /*记录从队列末尾取出数据后的队列前端指针*/
        rear=tempNode;             /*记录从队列末尾取出数据后的队列末尾指针*/
        /*下一行程序是指当队列中仅剩下最后一个节点时,
        取出数据后便将 front 和 rear 指向 NULL*/
        if ((front->next==NULL) || (rear->next==NULL))
        {
            front=NULL;
            rear=NULL;
        }
        return value;
    }
    else return -1;
}
```

【范例程序：CH06_07.c】

使用链表结构来设计一个有输入限制的双向队列的 C 程序，只能从双向队列的一端加入数据，但从这个双向队列中取出数据时则可以分别从队列的前端和末尾取出。

```
01    #include <stdio.h>
02    #include <stdlib.h>
03
04    struct Node
05    {
06        int data;
07        struct Node *next;
08    };
09    typedef struct Node QueueNode;
10    typedef QueueNode *QueueByLinkedList;
11    QueueByLinkedList front=NULL;
12    QueueByLinkedList rear=NULL;
13    /*函数 enqueue: 队列数据的加入*/
14    void enqueue(int value)
15    {
16        QueueByLinkedList node;   /*建立节点*/
17        node=(QueueByLinkedList)malloc(sizeof(QueueNode));
18        node->data=value;
19        node->next=NULL;
20        /*检查是否为空队列*/
21        if (rear==NULL)
22            front=node;          /*新建立的节点成为第 1 个节点*/
23        else
24            rear->next=node;    /*将节点加入到队列的末尾*/
25        rear=node;               /*将队列的末尾指针指向新加入的节点*/
26    }
27    int dequeue(int action)/*函数 dequeue: 队列数据的取出*/
28    {
29        int value;
30        QueueByLinkedList tempNode,startNode;
31        /*从队列前端取出数据*/
32        if (!(front==NULL) && action==1)
33        {
34            if(front==rear) rear=NULL;
35            value=front->data;/*将队列数据从前端取出*/
36            front=front->next;/*将队列的前端指针指向下一个*/
37            return value;
38        }
39        /*从队列末尾取出数据*/
40        else if(!(rear==NULL) && action==2)
41        {
42            startNode=front;    /*先记下队列前端的指针值*/
43            value=rear->data;   /*取出队列当前末尾的数据*/
44            /*查找队列末尾节点的前一个节点*/
45            tempNode=front;
46            while (front->next!=rear && front->next!=NULL)
47            {
48                front=front->next;
49                tempNode=front;
50            }
51            front=startNode;        /*记录从队列末尾取出数据后的队列前端指针*/
```

```
52          rear=tempNode;        /*记录从队列末尾取出数据后的队列末尾指针*/
53          /*下一行程序是指当队列中仅剩下最后一个节点时,
54          取出数据后便将 front 和 rear 指向 NULL*/
55          if ((front->next==NULL) || (rear->next==NULL))
56          {
57              front=NULL;
58              rear=NULL;
59          }
60          return value;
61      }
62      else return -1;
63  }
64
65  int main()
66  {
67      int temp,item;
68      char ch;
69      printf("以链表来实现双向队列\n");
70      printf("====================================\n");
71
72      do
73      {
74          printf("加入请按 a，取出请按 d，结束请按 e: ");
75          ch=getche();
76          printf("\n");
77          if(ch=='a')
78          {
79              printf("加入的数据: ");
80              scanf("%d",&item);
81              enqueue(item);
82          }
83          else if(ch=='d')
84          {
85              temp=dequeue(1);
86              printf("从双向队列前端按序取出的数据为: %d\n",temp);
87              temp=dequeue(2);
88              printf("从双向队列末尾按序取出的数据为: %d\n",temp);
89          }
90          else
91              break;
92      } while(ch!='e');
93
94      system("pause");
95      return 0;
96  }
```

【执行结果】参考图 6-26。

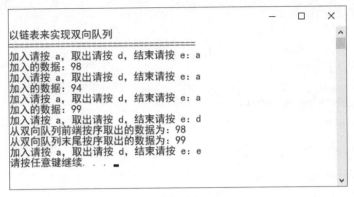

图 6-26

6.8　优先队列

优先队列（Priority Queue）为一种不必遵守队列特性 FIFO（先进先出）的有序线性表，其中的每一个元素都赋予一个优先级（Priority），加入元素时可任意加入，但若有最高优先级（Highest Priority Out First，HPOF），则最先输出。

例如，一般医院中的急诊室，当然以最严重的病患优先诊治，与进入医院挂号的顺序无关；或者在计算机中 CPU 的作业调度，优先级调度（Priority Scheduling，PS）就是一种按进程优先级"调度算法"（Scheduling Algorithm）进行的调度，会使用到优先队列，好比优先级高的用户会比一般用户拥有较高的权利。

假设有 4 个进程 P1、P2、P3 和 P4 在很短的时间内先后到达等待队列，每个进程所运行的时间如表 6-1 所示。

表 6-1　进程队列

进程名称	各进程所需的运行时间
P1	30
P2	40
P3	20
P4	10

在此设置每个进程（P1、P2、P3、P4）的优先次序值分别为 2、8、6、4（此处假设数值越小，优先级越低；数值越大，优先级越高）。以下就是以甘特图（Gantt Chart）绘出的优先级调度情况。

以 PS 方法调度所绘出的甘特图，如图 6-27 所示。

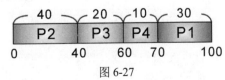

图 6-27

在此特别提醒大家，当各个元素按输入先后次序为优先级时就是一般的队列。假如是以输入先后次序的倒序作为优先级，那么此优先队列即为一个堆栈。

课后习题

1. 至少列举三种常见的堆栈应用。

2. 回答下列问题：

   （1）解释堆栈的含义。

   （2）TOP(PUSH(i,s))的结果是什么？

   （3）POP(PUSH(i,s))的结果是什么？

3. 在汉诺塔问题中，移动 n 个圆盘所需的最小移动次数是多少？试说明之。

4. 什么是优先队列？试说明之。

5. 回答以下问题：

   （1）下列哪一个不是队列的应用？

       （A）操作系统的作业调度　　　　（B）输入/输出的工作缓冲

       （C）汉诺塔的解决方法　　　　　（D）高速公路的收费站收费

   （2）下列哪些数据结构是线性表？

       （A）堆栈　　（B）队列　　　　（C）双向队列　　（D）数组　　（E）树

6. 假设我们利用双向队列按序输入 1、2、3、4、5、6、7，是否能够得到 5174236 的输出排列？

7. 试说明队列应具备的基本特性。

8. 至少列举三种队列常见的应用。

第7章

树结构及其算法

树结构（见图 7-1）是一种日常生活中应用相当广泛的非线性结构。树结构及其算法在程序中的建立与应用大多使用链表来处理，因为链表的指标用来处理树相当方便，只需改变指标即可。此外，当然也可以使用数组这样的连续内存来表示二叉树。使用数组或链表各有利弊，本章将介绍常见的相关算法。

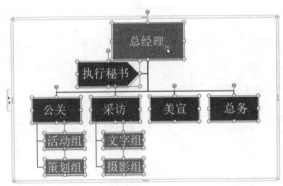

图 7-1

由于二叉树的应用相当广泛，因此衍生了许多特殊的二叉树结构。

1. 满二叉树（Fully Binary Tree）

如果二叉树的高度为 h，树的节点数为 2^h-1，$h \geqslant 0$，则称此树为"满二叉树"（Full Binary Tree），如图 7-2 所示。

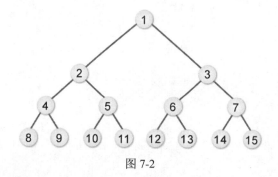

图 7-2

2. 完全二叉树（Complete Binary Tree）

如果二叉树的高度为 h，所含的节点数小于 2^h-1，那么其节点的编号方式如同高度为 h 的满二叉树一样，从左到右，从上到下的顺序一一对应，如图 7-3 所示。

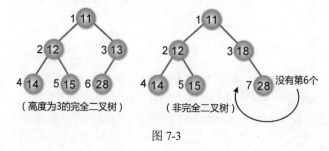

图 7-3

3. 斜二叉树（Skewed Binary Tree）

当一个二叉树完全没有右节点或左节点时，我们就把它称为左斜二叉树或右斜二叉树，如图 7-4 所示。

4. 严格二叉树（Strictly Binary Tree）

二叉树中的每一个非终端节点均有非空的左右子树，如图 7-5 所示。

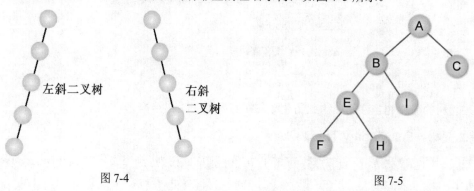

图 7-4   图 7-5

7.1 以数组实现二叉树

使用有序的一维数组来表示二叉树，首先可将此二叉树假想成一棵满二叉树，而且第 k 层具

有 2^{k-1} 个节点，按序存放在一维数组中。首先来看看使用一维数组建立二叉树的表示方法以及数组索引值的设置（参考图 7-6）。

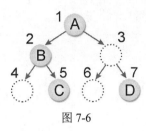

图 7-6

索引值	1	2	3	4	5	6	7
内容值	A	B			C		D

从图 7-6 可以看出此一维数组中的索引值有以下关系：

① 左子树索引值是父节点索引值乘 2。
② 右子树索引值是父节点索引值乘 2 加 1。

接着就看一下如何以一维数组建立二叉树的实例，实际上就是建立一棵二叉查找树。这是一种很好的排序应用模式，因为在建立二叉树的同时数据就经过了初步的比较判断，并按照二叉树的建立规则来存放数据。二叉查找树具有以下特点：

① 可以是空集合，若不是空集合，则节点上一定要有一个键值。
② 每一个树根的值需大于左子树的值。
③ 每一个树根的值需小于右子树的值。
④ 左右子树也是二叉查找树。

现在我们示范用一组数据 32、25、16、35、27 来建立一棵二叉查找树，具体过程如图 7-7 所示。

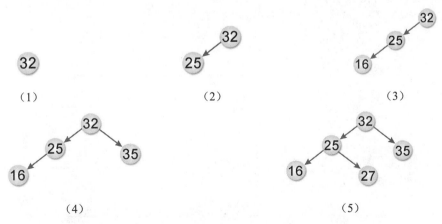

图 7-7

【范例程序：CH07_01.c】

设计一个 C 程序，按序输入一棵二叉树节点的数据（0、6、3、5、4、7、8、9、2），并建立一棵二叉查找树，最后输出存储此二叉树的一维数组。

```
01    #include <stdio.h>
02    #include <stdlib.h>
03
04    void Btree_create(int *btree,int *data,int length)
05    {
06        int i,level;
07
08        for(i=1;i<length;i++)  /*逐一对比原始数组中的值*/
09        {
10            for(level=1;btree[level]!=0;)/*比较树根和数组内的值*/
11            {
12                if(data[i]>btree[level])  /*如果数组内的值大于树根，则往右子树比较*/
13                    level=level*2+1;
14                else  /*如果数组内的值小于或等于树根，则往左子树比较*/
15                    level=level*2;
16            }          /*如果子树节点的值不为 0，则再与数组内的值比较一次*/
17            btree[level]=data[i];  /*把数组值放入二叉树*/
18        }
19    }
20
21    int main()
22    {
23        int i,length=9;
24        int data[]={0,6,3,5,4,7,8,9,2};/*原始数组*/
25        int btree[16]={0};  /*存放二叉树数组*/
26        printf("原始数组的内容：\n");
27        for(i=0;i<length;i++)
28            printf("[%2d] ",data[i]);
29        printf("\n");
30        Btree_create(btree,data,9);
31        printf("二叉树的内容：\n");
32        for (i=1;i<16;i++)
33            printf("[%2d] ",btree[i]);
34        printf("\n");
35        system("pause");
36        return 0;
37    }
```

【执行结果】 参考图 7-8。

```
原始数组的内容：
[ 0] [ 6] [ 3] [ 5] [ 4] [ 7] [ 8] [ 9] [ 2]
二叉树的内容：
[ 6] [ 3] [ 7] [ 2] [ 5] [ 0] [ 8] [ 0] [ 0] [ 4] [ 0] [ 0] [ 0] [ 0] [ 9]
请按任意键继续. . .
```

图 7-8

图 7-9 是此数组值在二叉树中存放的情形。

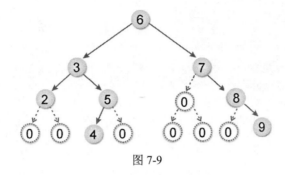

图 7-9

7.2　以链表实现二叉树

以链表实现二叉树就是使用链表来存储二叉树。使用链表来表示二叉树的好处是对于节点的增加与删除相当容易，缺点是很难找到父节点，除非在每一个节点多增加一个父字段。在前面的例子中，节点所存放的数据类型为整数。如果使用 C 语言，二叉树的类声明可写成如下方式：

```
struct tree
{
    int data;
    struct tree *left;
    struct tree *right;
}
typedef struct tree node;
typedef node *btree;
```

图 7-10 所示即为用链表实现二叉树的示意图。

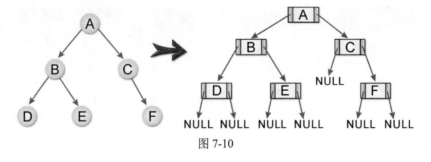

图 7-10

用 C 语言描述的以链表方式建立二叉树的算法如下：

```
btree creat_tree(btree root,int val)
{
    btree newnode,current,backup;
    newnode=(btree)malloc(sizeof(node));
    newnode->data=val;
    newnode->left=NULL;
    newnode->right=NULL;
    if(root==NULL)
    {
```

```
        root=newnode;
        return root;
    }
    else
    {
        for(current=root;current!=NULL;)
        {
            backup=current;
            if(current->data > val)
                current=current->left;
            else
                current=current->right;
        }
        if(backup->data >val)
            backup->left=newnode;
        else
            backup->right=newnode;
    }
    return root;
}
```

【范例程序：CH07_02.c】

设计一个 C 程序，按序输入一棵二叉树 10 个节点的数据（5、6、24、8、12、3、17、1、9），并使用链表来建立二叉树，最后输出其左子树与右子树。

```
01    #include <stdio.h>
02    #include <stdlib.h>
03
04    struct tree
05    {
06        int data;
07        struct tree *left,*right;
08    };
09    typedef struct tree node;
10    typedef node *btree;
11
12    btree creat_tree(btree,int);
13
14    int main()
15    {
16        int i,data[]={5,6,24,8,12,3,17,1,9};
17        btree ptr=NULL;
18        btree root=NULL;
19
20        for(i=0;i<9;i++)
21            ptr=creat_tree(ptr,data[i]);          /*建立二叉树*/
22
23        printf("左子树:\n");
24
25        root=ptr->left;
26        while(root!=NULL)
27        {
28            printf("%d\n",root->data);
29            root=root->left;
```

```
30          }
31      printf("------------------------------\n");
32      printf("右子树:\n");
33      root=ptr->right;
34      while(root!=NULL)
35      {
36          printf("%d\n",root->data);
37          root=root->right;
38      }
39
40      printf("\n");
41      system("pause");
42      return 0;
43  }
44  btree creat_tree(btree root,int val)     /*建立二叉树的函数*/
45  {
46      btree newnode,current,backup;
47      newnode=(btree)malloc(sizeof(node));
48      newnode->data=val;
49      newnode->left=NULL;
50      newnode->right=NULL;
51      if(root==NULL)
52      {
53          root=newnode;
54          return root;
55      }
56      else
57      {
58          for(current=root;current!=NULL;)
59          {
60              backup=current;
61              if(current->data > val)
62                  current=current->left;
63              else
64                  current=current->right;
65          }
66          if(backup->data >val)
67              backup->left=newnode;
68          else
69              backup->right=newnode;
70      }
71      return root;
72  }
```

【执行结果】参考图 7-11。

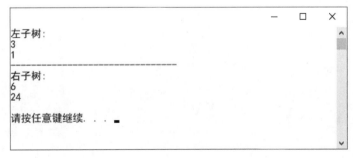

图 7-11

7.3 二叉树遍历

我们知道线性数组或链表都只能单向从头至尾遍历或反向遍历。所谓二叉树的遍历（Binary Tree Traversal），最简单的说法就是"访问树中所有的节点各一次"，并且在遍历后将树中的数据转化为线性关系。以图 7-12 所示的一个简单的二叉树节点来说，每个节点都可分为左、右两个分支。可以有 ABC、ACB、BAC、BCA、CAB 和 CBA 六种遍历方法。如果是按照二叉树特性，一律从左向右，就只剩下三种遍历方式，分别是 BAC、ABC、BCA。这三种方式的命名与规则如下：

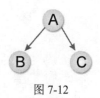

图 7-12

① 中序遍历（Inorder，BAC）：左子树→树根→右子树。

② 前序遍历（Preorder，ABC）：树根→左子树→右子树。

③ 后序遍历（Postorder，BCA）：左子树→右子树→树根。

对于这三种遍历方式，大家只需要记住树根的位置，就不会把前序、中序和后序搞混了。例如，中序法是树根在中间，前序法是树根在前面，后序法是树根在后面，遍历方式都是先左子树后右子树。下面针对这三种方式做更加详尽的介绍。

1．中序遍历

中序遍历（Inorder Traversal）是"左中右"的遍历顺序，也就是从树的左侧逐步向下方移动，直到无法移动，再访问此节点，并向右移动一个节点。如果无法再向右移动，就可以返回上层的父节点，并重复左、中、右的步骤进行。

① 遍历左子树。

② 遍历（或访问）树根。

③ 遍历右子树。

图 7-13 所示的遍历为 FDHGIBEAC。

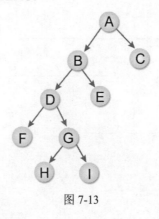

图 7-13

中序遍历的 C 语言递归算法如下：

```
void in(btree ptr)  /*中序遍历*/
{
   if (ptr != NULL)
   {
      in(ptr->left);
      printf("[%2d] ",ptr->data);
      in(ptr->right);
   }
}
```

2. 后序遍历

后序遍历（Postorder Traversal）是"左右中"的遍历顺序，即先遍历左子树，再遍历右子树，最后遍历（或访问）根节点，反复执行此步骤。

① 遍历左子树。
② 遍历右子树。
③ 遍历树根。

图 7-14 所示的后序遍历为 FHIGDEBCA。

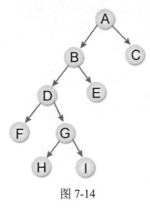

图 7-14

后序遍历的 C 语言递归算法如下：

```
void post(btree ptr)  /*后序遍历*/
{
   if (ptr != NULL)
   {
      post(ptr->left);
      post(ptr->right);
      printf("[%2d] ",ptr->data);
   }
}
```

3. 前序遍历

前序遍历（Preorder Traversal）是"中左右"的遍历顺序，也就是先从根节点遍历，再往左方移动，当无法继续时，继续向右方移动，接着重复执行此步骤。

① 遍历（或访问）树根。

② 遍历左子树。

③ 遍历右子树。

图 7-15 所示的前序遍历为 ABDFGHIEC。

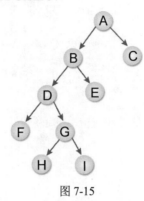

图 7-15

前序遍历的 C 语言递归算法如下：

```
void pre(btree ptr)   /*前序遍历*/
{
    if (ptr != NULL)
    {
        printf("[%2d] ",ptr->data);
        pre(ptr->left);
        pre(ptr->right);
    }
}
```

下面我们来看一个范例。图 7-16 所示的二叉树中序、前序及后序遍历后的结果分别是什么呢？

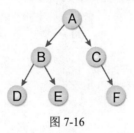

图 7-16

答：

中序遍历结果为 DBEACF。

前序遍历结果为 ABDECF。

后序遍历结果为 DEBFCA。

【范例程序：CH07_03.c】

设计一个 C 程序，按序输入一棵二叉树节点的数据（5、6、24、8、12、3、17、1、9），利用链表来建立二叉树，最后进行中序遍历，轻松完成从小到大的排序。

```
01    #include <stdio.h>
02    #include <stdlib.h>
03
04    struct tree
05    {
06        int data;
07        struct tree *left,*right;
08    };
09    typedef struct tree node;
10    typedef node *btree;
11
12    btree creat_tree(btree,int);
13    void inorder(btree ptr)          /*中序遍历子程序*/
14    {
15        if(ptr!=NULL)
16        {
17            inorder(ptr->left);
18            printf("[%2d] ",ptr->data);
19            inorder(ptr->right);
20        }
21    }
22    int main()
23    {
24        int i,data[]={5,6,24,8,12,3,17,1,9};
25        btree ptr=NULL;
26        btree root=NULL;
27
28        for(i=0;i<9;i++)
29            ptr=creat_tree(ptr,data[i]);          /*建立二叉树*/
30
31
32        printf("====================\n");
33        printf("排序完成的结果：\n");
34        inorder(ptr);     /*中序遍历*/
35        printf("\n");
36
37        system("pause");
38        return 0;
39    }
40    btree creat_tree(btree root,int val)      /*建立二叉树的函数*/
41    {
42        btree newnode,current,backup;
43        newnode=(btree)malloc(sizeof(node));
44        newnode->data=val;
45        newnode->left=NULL;
46        newnode->right=NULL;
47        if(root==NULL)
48        {
49            root=newnode;
50            return root;
51        }
52        else
53        {
54            for(current=root;current!=NULL;)
55            {
56                backup=current;
57                if(current->data > val)
58                    current=current->left;
```

```
59              else
60                  current=current->right;
61          }
62          if(backup->data >val)
63              backup->left=newnode;
64          else
65              backup->right=newnode;
66      }
67      return root;
68  }
```

【执行结果】参考图 7-17。

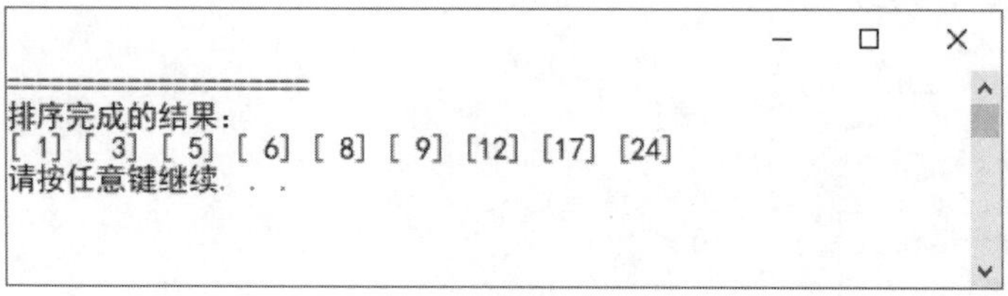

```
====================
排序完成的结果：
[ 1] [ 3] [ 5] [ 6] [ 8] [ 9] [12] [17] [24]
请按任意键继续. . .
```

图 7-17

7.4 二叉树节点的查找

我们先来讨论如何在所建立的二叉树中查找单个节点的数据。二叉树在建立的过程中是根据左子树 < 树根 < 右子树的原则建立的，因此只需从树根出发比较键值即可，如果比树根大就往右，否则往左而下，直到相等就找到了要查找的值，如果比较到 NULL，无法再前进就代表查找不到此值。

二叉树查找的 C 语言算法：

```
btree search(btree ptr,int val)        /*查找二叉树某键值的函数*/
{
    while(1)
    {
        if(ptr==NULL)           /*没找到就返回 NULL*/
            return NULL;
        if(ptr->data==val)      /*节点值等于查找值*/
            return ptr;
        else if(ptr->data > val)        /*节点值大于查找值*/
            ptr=ptr->left;
        else
            ptr=ptr->right;
    }
}
```

【范例程序：CH07_04.c】

实现一棵二叉树的查找程序。首先建立一棵二叉查找树，并输入要查找的值。如果节点中有相等的值，就显示出查找的次数；如果找不到这个值，就显示相关信息。二叉树节点的数据按序依次为（7、1、4、2、8、13、12、11、15、9、5）。

```
01    #include <stdio.h>
02    #include <stdlib.h>
03
04    struct tree
05    {
06        int data;
07        struct tree *left,*right;
08    };
09
10    typedef struct tree node;
11    typedef node *btree;
12
13    btree creat_tree(btree root,int val)
14    {
15        btree newnode,current,backup;
16        newnode=(btree)malloc(sizeof(node));
17        newnode->data=val;
18        newnode->left=NULL;
19        newnode->right=NULL;
20        if(root==NULL)
21        {
22            root=newnode;
23            return root;
24        }
25        else
26        {
27            for(current=root;current!=NULL;)
28            {
29                backup=current;
30                if(current->data > val)
31                    current=current->left;
32                else
33                    current=current->right;
34            }
35            if(backup->data >val)
36                backup->left=newnode;
37            else
38                backup->right=newnode;
39        }
40        return root;
41    }
42    btree search(btree ptr,int val)        /*查找二叉树子程序*/
43    {
44        int i=1;                    /*判断执行次数的变量*/
45        while(1)
46        {
47            if(ptr==NULL)           /*没找到就返回 NULL*/
48                return NULL;
49            if(ptr->data==val)    /*节点值等于查找值*/
50            {
51                printf("共查找了 %3d 次\n",i);
52                return ptr;
53            }
54            else if(ptr->data > val)  /*节点值大于查找值*/
55                ptr=ptr->left;
56            else
57                ptr=ptr->right;
58            i++;
```

```
59          }
60      }
61
62      int main()
63      {
64          int i,data,arr[]={7,1,4,2,8,13,12,11,15,9,5};
65          btree ptr=NULL;
66          printf("[原始数组的内容]\n");
67          for (i=0;i<11;i++)
68          {
69              ptr=creat_tree(ptr,arr[i]);  /*建立二叉树*/
70              printf("[%2d] ",arr[i]);
71          }
72          printf("\n");
73          printf("\n 请输入要查找的值: ");
74          scanf("%d",&data);
75          if((search(ptr,data)) !=NULL)    /*查找二叉树*/
76              printf("您要查找的值 [%3d] 找到了! \n",data);
77          else
78              printf("您要查找的值没找到! \n");
79
80          system("pause");
81          return 0;
82      }
```

【执行结果】参考图 7-18。

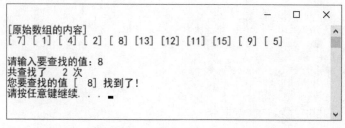

图 7-18

7.5 二叉树节点的插入

二叉树节点插入的情况和查找相似，重点是插入后仍要保持二叉查找树的特性。如果插入的节点已经在二叉树中，就没有插入的必要了。如果插入的值不在二叉树中，就会出现查找失败的情况，相当于找到了要插入的位置。程序代码如下所示：

```
if((search(ptr,data))!=NULL)      /*查找二叉树*/
    printf("二叉树中有此节点了! \n",data);
else
{
    ptr=creat_tree(ptr,data); /* 将此值加入到此二叉树中 */
    inorder(ptr);
}
```

【范例程序：CH07_05.c】

实现一个二叉树的查找 C 程序，首先建立一个二叉查找树，二叉树的节点数据按序为（7、1、4、2、8、13、12、11、15、9、5），然后输入一个值，如果不在此二叉树中，就将其加入到二叉树中。

```
01    #include <stdio.h>
02    #include <stdlib.h>
03
04    struct tree
05    {
06        int data;
07        struct tree *left,*right;
08    };
09
10    typedef struct tree node;
11    typedef node *btree;
12
13    btree creat_tree(btree root,int val)
14    {
15        btree newnode,current,backup;
16        newnode=(btree)malloc(sizeof(node));
17        newnode->data=val;
18        newnode->left=NULL;
19        newnode->right=NULL;
20        if(root==NULL)
21        {
22            root=newnode;
23            return root;
24        }
25        else
26        {
27            for(current=root;current!=NULL;)
28            {
29                backup=current;
30                if(current->data > val)
31                    current=current->left;
32                else
33                    current=current->right;
34            }
35            if(backup->data >val)
36                backup->left=newnode;
37            else
38                backup->right=newnode;
39        }
40        return root;
41    }
42    btree search(btree ptr,int val)      /*查找二叉树子程序*/
43    {
44
45        while(1)
46        {
47            if(ptr==NULL)                 /*没找到就返回 NULL*/
48                return NULL;
49            if(ptr->data==val)            /*节点值等于查找值*/
50                return ptr;
51            else if(ptr->data > val)      /*节点值大于查找值*/
52                ptr=ptr->left;
```

```
53          else
54             ptr=ptr->right;
55       }
56    }
57    void inorder(btree ptr)                  /*中序遍历子程序*/
58    {
59        if(ptr!=NULL)
60        {
61            inorder(ptr->left);
62            printf("[%2d] ",ptr->data);
63            inorder(ptr->right);
64        }
65    }
66    int main()
67    {
68        int i,data,arr[]={7,1,4,2,8,13,12,11,15,9,5};
69        btree ptr=NULL;
70        printf("[原始数组的内容]\n");
71        for (i=0;i<11;i++)
72        {
73            ptr=creat_tree(ptr,arr[i]);   /*建立二叉树*/
74            printf("[%2d] ",arr[i]);
75        }
76        printf("\n");
77        printf("\n 请输入要查找的值：");
78        scanf("%d",&data);
79        if((search(ptr,data))!=NULL)        /*查找二叉树*/
80            printf("二叉树中有此节点了! \n",data);
81        else
82        {
83            ptr=creat_tree(ptr,data);
84            inorder(ptr);
85        }
86
87        system("pause");
88        return 0;
89    }
```

【执行结果】参考图 7-19。

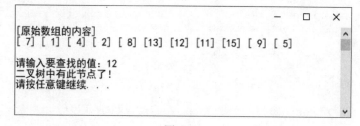

图 7-19

7.6　二叉树节点的删除

二叉树节点的删除操作稍为复杂，可分为以下三种情况。

① 删除的节点为树叶，只要将其相连的父节点指向 NULL 即可。

② 删除的节点只有一棵子树。如图 7-20 所示，删除节点 1，就将其右指针字段放到父节点的左指针字段。

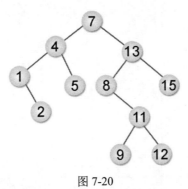

图 7-20

③ 删除的节点有两棵子树。如图 7-21 所示，要删除节点 4，方式有两种，虽然结果不同，但都可符合二叉树特性。

- 找出中序立即先行者（Inorder Immediate Predecessor），就是将要删除节点的左子树中最大者向上提，在此即为图 7-21 中的节点 2，简单来说，就是在该节点的左子树往右寻找，直到右指针为 NULL，这个节点就是中序立即先行者。

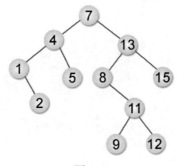

图 7-21

- 找出中序立即后继者（Inorder Immediate Successor），就是把要删除节点的右子树中最小者向上提，在此即为图 7-21 中的节点 5，简单来说，就是在该节点的右子树往左寻找，直到左指针为 NULL，这个节点就是中序立即后继者。

【范例】

将数据（32、24、57、28、10、43、72、62）按中序方式存入可放 10 个节点（Node）的数组内，试绘图与说明节点在数组中的相关位置。如果插入数据为 30，试绘图并写出其相关操作与位置的变化。接着删除数据 32，试绘图并写出其相关操作与位置的变化。

答：建立如图 7-22 所示的二叉树。

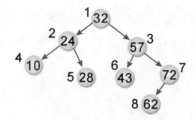

图 7-22

root=1	left	data	right
1	2	32	3
2	4	24	5
3	6	57	7
4	0	10	0
5	0	28	0
6	0	43	0
7	8	72	0
8	0	62	0
9			
10			

插入的数据为 30，结果如图 7-23 所示。

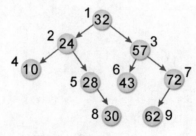

图 7-23

root=1	left	data	right
1	2	32	3
2	4	24	5
3	6	57	7
4	0	10	0
5	0	28	8
6	0	43	0
7	9	72	0
8	0	30	0
9	0	62	0
10			

删除数据 32，结果如图 7-24 所示。

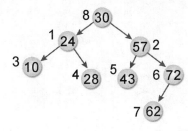

图 7-24

root=1	left	data	right
1	3	24	4
2	5	57	6
3	0	10	0
4	0	28	0
5	0	43	0
6	7	72	0
7	0	62	0
8	1	30	2
9			
10			

7.7　堆积树排序法

堆积树排序法是选择排序法的改进版，可以减少在选择排序法中的比较次数，进而减少排序时间。堆积排序法用到了二叉树的技巧，是利用堆积树来完成排序的。堆积树是一种特殊的二叉树，可分为最大堆积树和最小堆积树两种。

最大堆积树满足以下三个条件：

① 它是一个完全二叉树。
② 所有节点的值都大于或等于它左右子节点的值。
③ 树根是堆积树中最大的。

最小堆积树具备以下三个条件：

① 它是一个完全二叉树。
② 所有节点的值都小于或等于它左右子节点的值。
③ 树根是堆积树中最小的。

在开始讨论堆积排序法之前，大家必须先了解如何将二叉树转换成堆积树（Heap Tree）。以下面的实例进行说明：假设有 9 项数据（32、17、16、24、35、87、65、4、12），以二叉树表示时如图 7-25 所示。

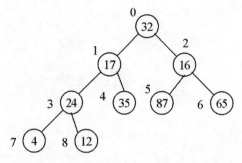

图 7-25

如果将该二叉树转换成堆积树（Heap Tree），可以用数组来存储二叉树所有节点的值。即

A[0]=32、A[1]=17、A[2]=16、A[3]=24、A[4]=35、A[5]=87、A[6]=65、A[7]=4、A[8]=12。

① A[0]=32 为树根，若 A[1]大于父节点，则必须互换。此处因 A[1]=17 < A[0]=32，故不交换。

② 因 A[2]=16 < A[0]，故不交换，如图 7-26 所示。

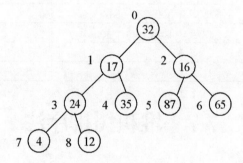

图 7-26

③ 因 A[3]=24 > A[1]=17，故交换，如图 7-27 所示。

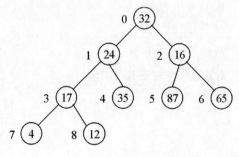

图 7-27

④ 因 A[4]=35 > A[1]=24，故交换；再与 A[0]=32 比较，因 A[1]=35 > A[0]=32，故交换，如图 7-28 所示。

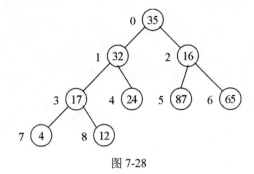

图 7-28

⑤ 因 A[5]=87 > A[2]=16，故交换；再与 A[0]=35 比较，因 A[2]=87 > A[0]=35，故交换，如图 7-29 所示。

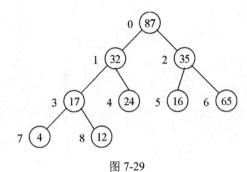

图 7-29

⑥ 因 A[6]=65 > A[2]=35，故交换；且 A[2]=65 < A[0]=87，故不必换，如图 7-30 所示。

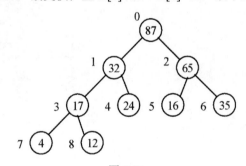

图 7-30

⑦ 因 A[7]=4<A[3]=17，故不必换。

⑧ 因 A[8]=12<A[3]=17，故不必换。

可得到如图 7-31 所示的堆积树。

刚才示范从二叉树的树根开始从上向下逐一按堆积树的建立原则来改变各节点值，最终得到一棵最大堆积树。大家可能已经发现，堆积树并非唯一。如果想从小到大排序，就必须建立最小堆积树，方法与建立最大堆积树类似，在此就不再赘述了。

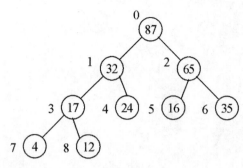

图 7-31

下面我们利用堆积排序法对数列（34、19、40、14、57、17、4、43）进行排序。

① 按图 7-32 中的数字顺序建立完全二叉树。

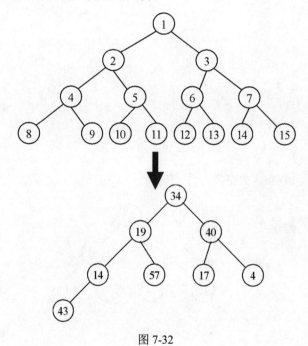

图 7-32

② 建立堆积树，如图 7-33 所示。

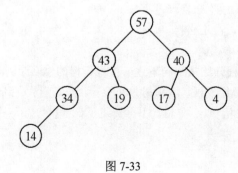

图 7-33

③ 将 57 从树根删除，重新建立堆积树，如图 7-34 所示。

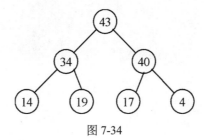

图 7-34

④ 将 43 从树根删除，重新建立堆积树，如图 7-35 所示。

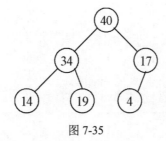

图 7-35

⑤ 将 40 从树根删除，重新建立堆积树，如图 7-36 所示。

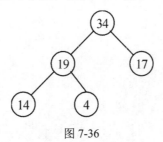

图 7-36

⑥ 将 34 从树根删除，重新建立堆积树，如图 7-37 所示。

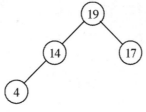

图 7-37

⑦ 将 19 从树根删除，重新建立堆积树，如图 7-38 所示。

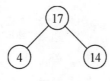

图 7-38

⑧ 将 17 从树根删除，重新建立堆积树，如图 7-39 所示。

图 7-39

⑨ 将 14 从树根删除，重新建立堆积树，如图 7-40 所示。

图 7-40

⑩ 将 4 从树根删除，得到的排序结果为 57、43、40、34、19、17、14、4。

【范例程序：CH07_06.c】

设计一个 C 程序，使用堆积树排序法来对一个数列进行排序。

```
01   #include <stdio.h>
02   void heap(int*,int);
03   void ad_heap(int*,int,int);
04
05   int main(void)
06   {
07       int i,size,data[9]={0,5,6,4,8,3,2,7,1};        /*原始数列存储在数组中*/
08       size=9;
09       printf("原始数列：");
10       for(i=1;i<size;i++)
11           printf("[%2d] ",data[i]);
12       heap(data,size);/*建立堆积树*/
13       printf("\n 排序结果：");
14       for(i=1;i<size;i++)
15           printf("[%2d] ",data[i]);
16       printf("\n");
17       system("pause");
18       return 0;
19   }
20   void heap(int *data,int size)
21   {
22       int i,j,tmp;
23       for(i=(size/2);i>0;i--)    /*建立堆积树节点*/
24           ad_heap(data,i,size-1);
25       printf("\n 堆积内容：");
26       for(i=1;i<size;i++)           /*原始堆积树的内容*/
27           printf("[%2d] ",data[i]);
28       printf("\n");
29       for(i=size-2;i>0;i--)         /*堆积排序*/
30       {
31           tmp=data[i+1];            /*头尾节点交换*/
32           data[i+1]=data[1];
33           data[1]=tmp;
34           ad_heap(data,1,i);        /*处理剩余节点*/
35           printf("\n 处理过程：");
```

```
        for(j=1;j<size;j++)
            printf("[%2d] ",data[j]);
    }
}
void ad_heap(int *data,int i,int size)
{
    int j,tmp,post;
    j=2*i;
    tmp=data[i];
    post=0;
    while(j<=size && post==0)
    {
        if(j<size)
        {
            if(data[j]<data[j+1])    /*找出最大节点*/
            j++;
        }
        if(tmp>=data[j])             /*若树根较大，结束比较过程*/
            post=1;
        else
        {
            data[j/2]=data[j];       /*若树根较小，则继续比较*/
            j=2*j;
        }
    }
    data[j/2]=tmp;                   /*指定树根为父节点*/
}
```

【执行结果】参考图 7-41。

```
原始数列：[ 5] [ 6] [ 4] [ 8] [ 3] [ 2] [ 7] [ 1]
堆积内容：[ 8] [ 6] [ 7] [ 5] [ 3] [ 2] [ 4] [ 1]

处理过程：[ 7] [ 6] [ 4] [ 5] [ 3] [ 2] [ 1] [ 8]
处理过程：[ 6] [ 5] [ 4] [ 1] [ 3] [ 2] [ 7] [ 8]
处理过程：[ 5] [ 3] [ 4] [ 1] [ 2] [ 6] [ 7] [ 8]
处理过程：[ 4] [ 3] [ 2] [ 1] [ 5] [ 6] [ 7] [ 8]
处理过程：[ 3] [ 1] [ 2] [ 4] [ 5] [ 6] [ 7] [ 8]
处理过程：[ 2] [ 1] [ 3] [ 4] [ 5] [ 6] [ 7] [ 8]
处理过程：[ 1] [ 2] [ 3] [ 4] [ 5] [ 6] [ 7] [ 8]
排序结果：[ 1] [ 2] [ 3] [ 4] [ 5] [ 6] [ 7] [ 8]
请按任意键继续. . .
```

图 7-41

课后习题

1. 说明二叉查找树的特点。
2. 下列哪一种不是树？

   （A）一个节点
   （B）环形链表
   （C）一个没有回路的连通图

（D）一个边数比点数少 1 的连通图

3. 关于二叉查找树的叙述，哪一个是错误的？

（A）二叉查找树是一棵完全二叉树
（B）可以是斜二叉树
（C）一个节点最多只能有两个子节点
（D）一个节点的左子节点的键值不会大于右子节点的键值

4. 以下二叉树的中序法、后序法及前序法表达式分别是什么？

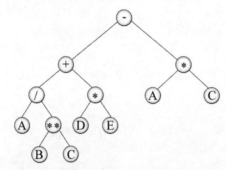

5. 试以链表来描述以下树结构的数据结构。

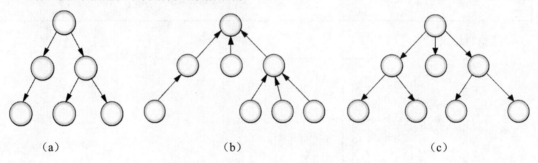

（a）　　　　　　　　（b）　　　　　　　　（c）

6. 以下二叉树的中序法、后序法与前序法表达式分别是什么？

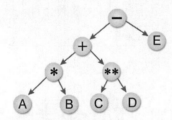

7. 尝试将 A-B*(-C+-3.5) 表达式转化为二叉运算树，并求出此算术表达式的前序与后序表示法。

第**8**章

图结构及其算法

图除了被应用在数据结构中最短路径搜索、拓扑排序外，还能应用在系统分析中以时间为评审标准的性能评审技术（Performance Evaluation and Review Technique，PERT），或者像"IC 电路设计""交通网络规划"（见图 8-1）等关于图的应用。例如，如何计算网络上两个节点之间最短距离的问题就变成图的数据结构要处理的问题，采用 Dijkstra 这种图算法就能快速找出两个节点之间的最短路径，如果没有 Dijkstra 算法，那么现代网络的运行效率必将大大降低。

图 8-1

8.1　图的遍历

树的遍历目的是访问树的每一个节点一次，可用的方法有中序法、前序法和后序法三种。对于图的遍历，可以定义如下：

一个图 $G = (V, E)$，存在某一顶点 $v \in V$，我们希望从 v 开始，通过此节点相邻的节点而去访问图 G 中的其他节点，这就被称为"图的遍历"。

也就是说，从某一个顶点 V_1 开始，遍历可以经过 V_1 到达的顶点，接着遍历下一个顶点直到全部的顶点遍历完毕为止。在遍历的过程中，可能会重复经过某些顶点和边。通过图的遍历可以判断该图是否连通，并找出连通分支和路径。图遍历的方法有两种："深度优先遍历"和"广度优先遍历"，也称为"深度优先搜索"和"广度优先搜索"。

8.1.1 深度优先遍历法

深度优先遍历的方式有点类似于前序遍历，是从图的某一顶点开始遍历，被访问过的顶点就做上已访问的记号，接着遍历此顶点的所有相邻且未访问过的顶点中的任意一个顶点，并做上已访问的记号，再以该点为新的起点继续进行深度优先的搜索。

这种图的遍历方法结合了递归和堆栈两种数据结构的技巧，由于此方法会造成无限循环，因此必须加入一个变量，判断该点是否已经遍历完毕。下面我们以图 8-2 为例来看看这个方法的遍历过程。

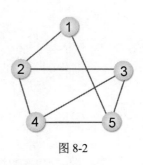

图 8-2

① 以顶点 1 为起点，将相邻的顶点 2 和顶点 5 压入堆栈。

② 弹出顶点 2，将与顶点 2 相邻且未访问过的顶点 3 和顶点 4 压入堆栈。

③ 弹出顶点 3，将与顶点 3 相邻且未访问过的顶点 4 和顶点 5 压入堆栈。

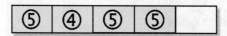

④ 弹出顶点 4，将与顶点 4 相邻且未访问过的顶点 5 压入堆栈。

⑤ 弹出顶点 5，将与顶点 5 相邻且未访问过的顶点压入堆栈，大家可以发现与顶点 5 相邻的顶点全部被访问过了，所以无须再压入堆栈。

⑥ 将堆栈内的值弹出并判断是否已经遍历过了，直到堆栈内无节点可遍历为止。

深度优先的遍历顺序为顶点 1、顶点 2、顶点 3、顶点 4、顶点 5。
深度优先遍历函数的 C 语言算法如下：

```c
void dfs(int current)              /*深度优先遍历函数*/
{
```

```
    link ptr;
    run[current]=1;
    printf("[%d] ",current);
    ptr=head[current]->next;
    while(ptr!=NULL)
    {
        if (run[ptr->val]==0)        /*如果顶点尚未遍历, */
            dfs(ptr->val);           /*就进行 dfs 的递归调用*/
        ptr=ptr->next;
    }
}
```

【范例程序：CH08_01.c】

将上述的深度优先遍历法用 C 程序来实现，其中图以数组描述的顶点关系（图的边数组）如下：

```
int data[20][2]={{1,2},{2,1},{1,3},{3,1},
                 {2,4},{4,2},{2,5},{5,2},
                 {3,6},{6,3},{3,7},{7,3},
                 {4,8},{8,4},{5,8},{8,5},
                 {6,8},{8,6},{8,7},{7,8}};
```

```
01    #include <stdio.h>
02    #include <stdlib.h>
03
04    struct list
05    {
06        int val;
07        struct list *next;
08    };
09    typedef struct list node;
10    typedef node *link;
11    struct list* head[9];
12    int run[9];
13
14    void dfs(int current)                    /*深度优先函数*/
15    {
16        link ptr;
17        run[current]=1;
18        printf("[%d] ",current);
19        ptr=head[current]->next;
20        while(ptr!=NULL)
21        {
22            if (run[ptr->val]==0)            /*如果顶点尚未遍历, */
23                dfs(ptr->val);               /*就进行 dfs 的递归调用*/
24            ptr=ptr->next;
25        }
26    }
27
28    int main()
29    {
30        link ptr,newnode;
31        int data[20][2]={{1,2},{2,1},{1,3},{3,1},    /*声明图的边数组*/
32                         {2,4},{4,2},{2,5},{5,2},
```

```
33                              {3,6},{6,3},{3,7},{7,3},
34                              {4,8},{8,4},{5,8},{8,5},
35                              {6,8},{8,6},{8,7},{7,8}};
36       int i,j;
37
38       for (i=1;i<=8;i++)    /*共有八个顶点*/
39       {
40           run[i]=0;                          /*把所有顶点设置为尚未遍历过*/
41           head[i]=(link)malloc(sizeof(node));
42           head[i]->val=i;                    /*给各个链表头部设置初值*/
43           head[i]->next=NULL;
44           ptr=head[i];                       /*设置指针指向链表头部*/
45           for(j=0;j<20;j++)                  /*二十条边*/
46           {
47               if(data[j][0]==i)       /*如果起点和链表头部相等，就把顶点加入链表*/
48               {
49                   newnode=(link)malloc(sizeof(node));
50                   newnode->val=data[j][1];
51                   newnode->next=NULL;
52                   do
53                   {
54                       ptr->next=newnode;       /*加入新节点*/
55                       ptr=ptr->next;
56                   }while(ptr->next!=NULL);
57               }
58           }
59       }
60       printf("图的邻接表内容：\n");        /*打印图的邻接表内容*/
61       for(i=1;i<=8;i++)
62       {
63           ptr=head[i];
64           printf("顶点 %d=> ",i);
65           ptr = ptr->next;
66           while(ptr!=NULL)
67           {
68               printf("[%d] ",ptr->val);
69               ptr=ptr->next;
70           }
71           printf("\n");
72       }
73
74       printf("深度优先遍历的顶点：\n");       /*打印深度优先遍历的顶点*/
75       dfs(1);
76       printf("\n");
77       system("pause");
78       return 0;
79   }
```

【执行结果】参考图 8-3。

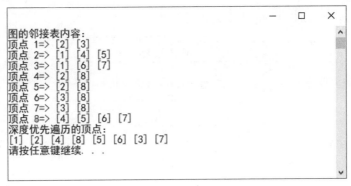

图 8-3

8.1.2　广度优先遍历法

之前所谈到的深度优先遍历是利用堆栈和递归的技巧来遍历图，而广度优先（Breadth-First Search，BFS）遍历法是使用队列和递归技巧来遍历的，也是从图的某一顶点开始遍历，被访问过的顶点就做上已访问的记号，接着遍历此顶点所有相邻且未访问过的顶点中的任意一个顶点，并做上已访问的记号，再以该点为新的起点继续进行广度优先的遍历。下面我们以图 8-4 为例来看看广度优先的遍历过程。

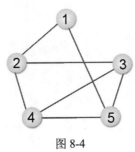

图 8-4

① 以顶点 1 为起点，将与顶点 1 相邻且未访问过的顶点 2 和顶点 5 加入队列。

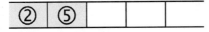

② 取出顶点 2，将与顶点 2 相邻且未访问过的顶点 3 和顶点 4 加入队列。

③ 取出顶点 5，将与顶点 5 相邻且未访问过的顶点 3 和顶点 4 加入队列。

④ 取出顶点 3，将与顶点 3 相邻且未访问过的顶点 4 加入队列。

⑤ 取出顶点 4，将与顶点 4 相邻且未访问过的顶点加入队列中，大家可以发现与顶点 4 相邻

的顶点全部被访问过了，所以无须再加入队列中。

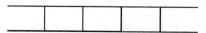

⑥ 将队列内的值取出并判断是否已经遍历过了，直到队列内无节点可遍历为止。

广度优先的遍历顺序为顶点 1、顶点 2、顶点 5、顶点 3、顶点 4。

广度优先函数的 C 语言算法如下：

```
void bfs(int current)
{
    link tempnode;                  /*临时的节点指针*/
    enqueue(current);               /*将第一个顶点加入队列*/
    run[current]=1;                 /*将遍历过的顶点设置为1*/
    printf("[%d]",current);         /*打印出遍历过的顶点*/
    while(front!=rear) {            /*判断当前是否为空队列*/
        current=dequeue();          /*将顶点从队列中取出*/
        tempnode=Head[current].first; /*先记录当前顶点的位置*/
        while(tempnode!=NULL)
        {
            if(run[tempnode->x]==0)
            {
                enqueue(tempnode->x);
                run[tempnode->x]=1;         /*记录已遍历过*/
                printf("[%d]",tempnode->x);
            }
            tempnode=tempnode->next;
        }
    }
}
```

【范例程序：CH08_02.c】

将上述广度优先遍历法以 C 程序来实现，其中图的数组如下：

```
int Data[20][2] =   {{1,2},{2,1},{1,5},{5,1},
                    {2,4},{4,2},{2,3},{3,2},
                    {3,4},{4,3},{5,3},{3,5},
                    {4,5},{5,4}};
```

```
01   #include <stdio.h>
02   #include <stdlib.h>
03   #define MAXSIZE 10      /*定义队列的最大容量*/
04
05   int front=-1;           /*指向队列的前端*/
06   int rear=-1;            /*指向队列的末尾*/
07
08   struct list             /*声明图的顶点结构数据类型*/
09   {
10       int x;              /*顶点数据*/
```

```
11        struct list *next;  /*指向下一个顶点的指针*/
12      };
13      typedef struct list node;
14      typedef node *link;
15      struct GraphLink
16      {
17        link first;
18        link last;
19      };
20
21      int run[9];                /*用来记录各顶点是否遍历过*/
22      int queue[MAXSIZE];
23      struct GraphLink Head[9];
24
25
26      void insert(struct GraphLink *temp,int x)
27      {
28        link newNode;
29        newNode=(link)malloc(sizeof(node));
30        newNode->x=x;
31        newNode->next=NULL;
32        if(temp->first==NULL)
33        {
34           temp->first=newNode;
35           temp->last=newNode;
36        }
37        else
38        {
39          temp->last->next=newNode;
40          temp->last=newNode;
41        }
42      }
43      /*队列数据的加入*/
44      void enqueue(int value)
45      {
46        if(rear>=MAXSIZE) return;
47        rear++;
48        queue[rear]=value;
49      }
50      /*队列数据的取出*/
51      int dequeue()
52      {
53        if(front==rear) return -1;
54        front++;
55        return queue[front];
56      }
57      /*广度优先遍历法*/
58      void bfs(int current)
59      {
60        link tempnode;                /*临时的节点指针*/
61        enqueue(current);             /*将第一个顶点加入队列*/
62        run[current]=1;               /*将遍历过的顶点设置为1*/
63        printf("[%d]",current);   /*打印出遍历过的顶点*/
64        while(front!=rear) {      /*判断当前是否为空队列*/
65          current=dequeue();      /*将顶点从队列中取出*/
66          tempnode=Head[current].first; /*先记录当前顶点的位置*/
67          while(tempnode!=NULL)
```

```
68              {
69                  if(run[tempnode->x]==0)
70                  {
71                      enqueue(tempnode->x);
72                      run[tempnode->x]=1;   /*记录已遍历过*/
73                      printf("[%d]",tempnode->x);
74                  }
75                  tempnode=tempnode->next;
76              }
77          }
78      }
79      void print(struct GraphLink temp)
80      {
81          link current=temp.first;
82          while(current!=NULL)
83          {
84              printf("[%d]",current->x);
85              current=current->next;
86          }
87          printf("\n");
88      }
89
90      int main()
91      {
92          /*声明图的边数组*/
93          int Data[20][2] =  { {1,2},{2,1},{1,5},{5,1},
94                               {2,4},{4,2},{2,3},{3,2},
95                               {3,4},{4,3},{5,3},{3,5},
96                               {4,5},{5,4}};
97          int DataNum;
98          int i,j;
99          printf("图的邻接表内容：\n"); /*打印图的邻接表内容*/
100         for( i=1 ; i<6 ; i++ )
101         { /*共有八个顶点*/
102             run[i]=0;                /*把所有顶点设置为尚未遍历过*/
103             printf("顶点%d=>",i);
104             Head[i].first=NULL;
105             Head[i].last=NULL;
106             for( j=0 ; j<20 ;j++)
107             {
108                 if(Data[j][0]==i)
109                 { /*如果起点和链表头部相等，就把顶点加入链表*/
110                     DataNum = Data[j][1];
111                     insert(&Head[i],DataNum);
112                 }
113             }
114              print(Head[i]);         /*打印图的邻接表内容*/
115         }
116         printf("广度优先遍历的顶点：\n");  /*打印广度优先遍历的顶点*/
117         bfs(1);
118         printf("\n");
119
120         system("pause");
121         return 0;
122     }
```

【执行结果】参考图 8-5。

图 8-5

8.2 最小生成树

生成树又称"花费树""成本树"或"值树",一个图的生成树（Spanning Tree）就是以最少的边来连通图中所有的顶点,且不造成回路（Cycle）的树结构。为树的边加上一个权重（Weight）值,这种图就称为"加权图（Weighted Graph）"。如果这个权重值代表两个顶点间的距离（Distance）或成本（Cost）,这类图就被称为网络（Network）,如图 8-6 所示。

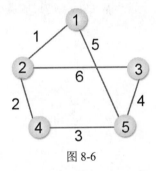

图 8-6

从顶点 1 到顶点 5 有(1+2+3)、(1+6+4)和 5 三条路径成本,"最小成本生成树（Minimum Cost Spanning Tree）"得到的是路径成本为 5 的生成树,如图 8-7 中最右边的图所示。

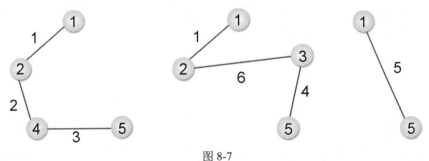

图 8-7

一个加权图中如何找到最小成本生成树是相当重要的,因为许多工作都可以用图来表示,例如从北京到上海的距离或花费等。接着将介绍以"贪婪法则（Greedy Rule）"为基础来求得一个无向连通图的最小生成树的常见方法,即 Prim 算法和 Kruskal 算法。

8.2.1 Prim 算法

Prim 算法又称 P 氏法，对一个加权图 $G = (V, E)$，设 $V = \{1,2,\cdots,n\}$，假设 $U = \{1\}$，也就是说，U 和 V 是两个顶点的集合。然后从 $U–V$ 差集所产生的集合中找出一个顶点 x，该顶点 x 能与 U 集合中的某点形成最小成本的边，且不会造成回路。然后将顶点 x 加入 U 集合中，反复执行同样的步骤，一直到 U 集合等于 V 集合（$U=V$）为止。

接下来，我们将实际使用 P 氏法求出图 8-8 所示图的最小生成树。

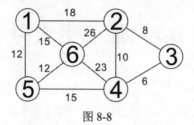

图 8-8

从图 8-8 中可得 $V = \{1, 2, 3, 4, 5, 6\}$，$U = 1$。

先从 $V–U = \{2, 3, 4, 5, 6\}$ 中找一个顶点与 U 顶点能形成最小成本的边，得到图 8-9。

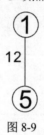

图 8-9

此时 $V–U = \{2, 3, 4, 6\}$，$U = \{1, 5\}$。

再从 $V–U$ 中找到一个顶点与 U 顶点能形成最小成本的边，得到图 8-10。

图 8-10

此时 $U = \{1, 5, 6\}$，$V–U = \{2, 3, 4\}$。

同理，找到顶点 4。

$U = \{1, 5, 6, 4\}$，$V–U = \{2, 3\}$，得到图 8-11。

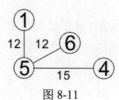

图 8-11

同理，找到顶点 3，得到图 8-12。

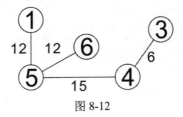

图 8-12

同理，找到顶点 2，得到图 8-13。

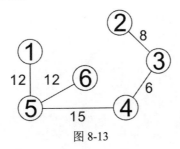

图 8-13

8.2.2　Kruskal 算法

Kruskal 算法又称为 K 氏法，是将各边按权值大小从小到大排列，接着从权值最低的边开始建立最小成本生成树，如果加入的边会造成回路则舍弃不用，直到加入了 n-1 个边为止。

这种方法看起来似乎不难，我们直接来看看如何以 K 氏法得到图 8-14 所示例图的最小成本生成树。

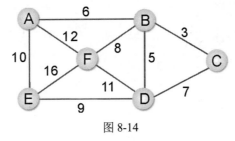

图 8-14

① 把所有边的成本列出，并从小到大排序，如表 8-1 所示。

表 8-1　所有边的成本

起始顶点	终止顶点	成本
B	C	3
B	D	5
A	B	6
C	D	7
B	F	8
D	E	9

（续表）

起始顶点	终止顶点	成本
A	E	10
D	F	11
A	F	12
E	F	16

② 选择成本最低的一条边作为建立最小成本生成树的起点，如图 8-15 所示。

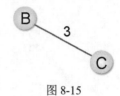

图 8-15

③ 依照表 8-1 按序加入边，如图 8-16 所示。

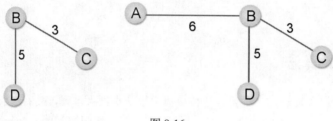

图 8-16

④ 因为 C—D 加入边会形成回路，所以直接跳过，如图 8-17 所示。

⑤ 完成图如图 8-18 所示。

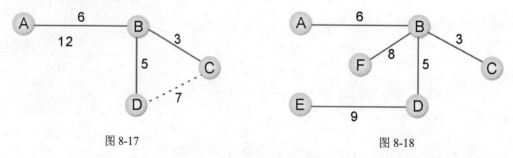

图 8-17   图 8-18

对于这个范例的程序，我们可以用最简单的数组结构来表示。先以一个二维数组存储并排列 K 氏法的成本表，接着按序把成本表加入另一个二维数组并判断是否会造成回路。

用 C 语言编写的 Kruskal 算法如下：

```
#define VERTS   6                        /*图的顶点数*/

struct edge                              /*声明边的结构数据类型*/
{
    int from,to;
    int find,val;
    struct edge* next;
```

```
    };
    typedef struct edge node;
    typedef node* mst;
    int v[VERTS+1];
    void mintree(mst head)              /*最小成本生成树函数*/
    {
        mst ptr,mceptr;
        int i,result=0;
        ptr=head;                       /* 指向链表头部 */

            for(i=0;i<=VERTS;i++)
            v[i]=0;

        while(ptr!=NULL)
        {
            mceptr=findmincost(head); /*搜索成本最小的边*/
            v[mceptr->from]++;
            v[mceptr->to]++;
            if(v[mceptr->from]>1&&v[mceptr->to]>1)
            {
                v[mceptr->from]--;
                v[mceptr->to]--;
                result=1;
            }
            else
                result=0;
            if(result==0)
                printf("起始顶点 [%d]\t 终止顶点 [%d]\t 路径长度 [%d]\n",
                        mceptr->from,mceptr->to,mceptr->val);
            ptr=ptr->next;
        }
    }
```

【范例程序：CH08_03.c】

下面将使用一个二维数组存储树并对 K 氏法的成本表进行排序，试设计一个 C 程序来求取最小成本生成树，二维数组如下：

```
int data[10][3]={{1,2,6},{1,6,12},{1,5,10},{2,3,3},
                 {2,4,5},{2,6,8},{3,4,7},{4,6,11},
                 {4,5,9},{5,6,16}};
```

```
01    #include <stdio.h>
02    #include <stdlib.h>
03    #define VERTS         6          /*图的顶点数*/
04
05    struct edge                      /*声明边的结构数据类型*/
06    {
07       int from,to;
08       int find,val;
09       struct edge* next;
10    };
```

```
11    typedef struct edge node;
12    typedef node* mst;
13    int v[VERTS+1];
14    mst findmincost(mst head)        /*搜索成本最小的边*/
15    {
16        int minval=100;
17        mst ptr,retptr;
18        ptr=head;
19        while(ptr!=NULL)
20        {
21            if(ptr->val<minval&&ptr->find==0)
22            {                                /*假如 ptr->val 的值小于 minval*/
23                minval=ptr->val;         /*就把 ptr->val 设为最小值*/
24                retptr=ptr;              /*并且把 ptr 记录下来*/
25            }
26            ptr=ptr->next;
27        }
28        retptr->find=1;                  /*将 retptr 设为已找到的边*/
29        return retptr;                   /*返回 retptr*/
30    }
31    void mintree(mst head)               /*最小成本生成树函数*/
32    {
33        mst ptr,mceptr;
34        int i,result=0;
35        ptr=head;
36
37        for(i=0;i<=VERTS;i++)
38            v[i]=0;
39
40        while(ptr!=NULL)
41        {
42            mceptr=findmincost(head);
43            v[mceptr->from]++;
44            v[mceptr->to]++;
45            if(v[mceptr->from]>1&&v[mceptr->to]>1)
46            {
47                v[mceptr->from]--;
48                v[mceptr->to]--;
49                result=1;
50            }
51            else
52                result=0;
53            if(result==0)
54                printf("起始顶点 [%d] -> 终止顶点 [%d] -> 路径长度 [%d]\n",
                        mceptr->from,mceptr->to,mceptr->val);
55            ptr=ptr->next;
56        }
57    }
58
59    int main()
60    {
61        int data[10][3]={{1,2,6},{1,6,12},{1,5,10},{2,3,3},   /*成本表数组*/
62                         {2,4,5},{2,6,8},{3,4,7},{4,6,11},
63                         {4,5,9},{5,6,16}};
64        int i,j;
65        mst head,ptr,newnode;
66        head=NULL;
67
```

```
68          for(i=0;i<10;i++)                    /*建立图的链表*/
69          {
70              for(j=1;j<=VERTS;j++)
71              {
72                  if(data[i][0]==j)
73                  {
74                      newnode=(mst)malloc(sizeof(node));
75                      newnode->from=data[i][0];
76                      newnode->to=data[i][1];
77                      newnode->val=data[i][2];
78                      newnode->find=0;
79                      newnode->next=NULL;
80                      if(head==NULL)
81                      {
82                          head=newnode;
83                          head->next=NULL;
84                          ptr=head;
85                      }
86                      else
87                      {
88                          ptr->next=newnode;
89                          ptr=ptr->next;
90                      }
91                  }
92              }
93          }
94
95      printf("----------------------------------------------------\n");
96      printf("建立最小成本生成树：\n");
97      printf("----------------------------------------------------\n");
98      mintree(head);           /*建立最小成本生成树*/
99      system("pause");
100     return 0;
101  }
```

【执行结果】参考图 8-19。

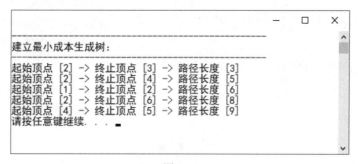

图 8-19

8.3　图的最短路径法

在一个有向图 $G = (V, E)$ 中，它的每一条边都有一个比例常数 W（Weight）与之对应，如果想求图 G 中某一个顶点 V_0 到其他顶点的最少 W 总和，那么这类问题就称为最短路径问题（The Shortest

Path Problem）。由于交通运输工具和通信工具的便利与普及，因此两地之间发生货物运送（见图 8-20）或进行信息传递时，最短路径（Shortest Path）的问题随时都可能会因需求而产生。简单来说，就是找出两个端点之间可通行的快捷方式。

图 8-20

8.3 节中介绍的最小成本生成树（MST，最小花费生成树）就是计算连通网络中每一个顶点所需的最少花费，但连通树中任意两顶点的路径不一定就是一条花费最少的路径，这也是本节研究最短路径问题的主要理由。下节开始讨论最短路径常见的算法。

8.3.1 Dijkstra 算法与 A* 算法

1. Dijkstra 算法

一个顶点到多个顶点的最短路径通常使用 Dijkstra 算法求得。Dijkstra 的算法如下：

假设 $S = \{V_i \mid V_i \in V\}$，且 V_i 在已发现的最短路径中，其中 $V_0 \in S$ 是起点。

假设 $w \notin S$，定义 DIST(w) 是从 V_0 到 w 的最短路径，这条路径除了 w 外必属于 S，且有以下几点特性。

① 如果 u 是当前所找到最短路径的下一个节点，那么 u 必属于 V-S 集合中最小成本的边。

② 若 u 被选中，将 u 加入 S 集合中，则会产生当前从 V_0 到 u 的最短路径。对于 $w \notin S$, DIST(w) 被改变成 DIST(w) $\leftarrow$ min$\{$DIST(w), DIST(u) + COST(u, w)$\}$。

从上述算法可以推演出如下步骤。

步骤 **01**

```
G = (V, E)
D[k] = A[F, I]，其中 I 从 1 到 N
S = {F}
V = {1, 2, …, N}
```

- D 为一个 N 维数组，用来存放某一顶点到其他顶点的最短距离。
- F 表示起始顶点。
- $A[F, I]$ 为顶点 F 到 I 的距离。
- V 是网络中所有顶点的集合。

- E 是网络中所有边的组合。
- S 是顶点的集合，其初始值是 S = {F}。

步骤 02 从 V–S 集合中找到一个顶点 x，使 D(x) 的值为最小值，并把 x 放入 S 集合中。

步骤 03 按下列公式计算：

$$D[I] = \min(D[I], D[x] + A[x, I])$$

其中，$(x, I) \in E$，用来调整 D 数组的值；I 是指 x 的相邻各顶点。

步骤 04 重复执行步骤 2，一直到 V–S 是空集合为止。

现在来看一个例子，在图 8-21 中找出顶点 5 到各顶点之间的最短路径。

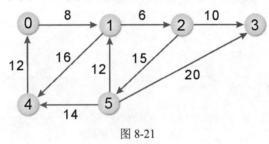

图 8-21

首先从顶点 5 开始，找出顶点 5 到各顶点之间最小的距离，到达不了的用 ∞ 表示，步骤如下：

步骤 01 $D[0] = \infty$，$D[1]=12$，$D[2] = \infty$，$D[3] = 20$，$D[4] = 14$。在其中找出值最小的顶点并加入 S 集合中：$D[1]$。

步骤 02 $D[0] = \infty$，$D[1] = 12$，$D[2] = 18$，$D[3] = 20$，$D[4] = 14$。$D[4]$ 最小，加入 S 集合中。

步骤 03 $D[0] = 26$，$D[1] = 12$，$D[2] = 18$，$D[3] = 20$，$D[4] = 14$。$D[2]$ 最小，加入 S 集合中。

步骤 04 $D[0] = 26$，$D[1]=12$，$D[2] = 18$，$D[3] = 20$，$D[4] = 14$。$D[3]$ 最小，加入 S 集合中。

步骤 05 加入最后一个顶点即可得到表 8-2。

表 8-2　加入最后一个顶点后

步骤	S	0	1	2	3	4	5	选择
1	5	∞	12	∞	20	14	0	1
2	5, 1	∞	12	18	20	14	0	4
3	5, 1, 4	26	12	18	20	14	0	2
4	5, 1, 4, 2	26	12	18	20	14	0	3
5	5, 1, 4, 2, 3	26	12	18	20	14	0	0

从顶点 5 到其他各顶点的最短距离为：

- 顶点 5-顶点 0：26。
- 顶点 5-顶点 1：12。
- 顶点 5-顶点 2：18。
- 顶点 5-顶点 3：20。
- 顶点 5-顶点 4：14。

【范例程序：CH08_04.c】

设计一个 C 程序，以 Dijkstra 算法来求取下面图结构中顶点 1 对全部图的顶点之间的最短路径。
图结构的成本数组如下：

```
int Path_Cost[8][3] = { {1, 2, 29},
                        {2, 3, 30},
                        {2, 4, 35},
                        {3, 5, 28},
                        {3, 6, 87},
                        {4, 5, 42},
                        {4, 6, 75},
                        {5, 6, 97} };
```

```
01    #include <stdio.h>
02    #include <stdlib.h>
03    #define SIZE   7
04    #define NUMBER 6
05    #define INFINITE  99999   /* 无穷大 */
06
07    int Graph_Matrix[SIZE][SIZE];/* 图的数组 */
08    int distance[SIZE];          /* 路径长度数组 */
09    /* 建立图 */
10    void BuildGraph_Matrix(int *Path_Cost);
11    void shortestPath(int vertex1, int vertex_total);
12
13    /* 主程序 */
14    int main()
15    {
16       int Path_Cost[8][3] = { {1, 2, 29},
17                               {2, 3, 30},
18                               {2, 4, 35},
19                               {3, 5, 28},
20                               {3, 6, 87},
21                               {4, 5, 42},
22                               {4, 6, 75},
23                               {5, 6, 97} };
24       int j;
25       BuildGraph_Matrix(&Path_Cost[0][0]);
26       shortestPath(1,NUMBER); /* 搜索最短路径 */
27       printf("----------------------------------\n");
28       printf("顶点 1 到各顶点最短距离的最终结果\n");
29       printf("----------------------------------\n");
30       for (j=1;j<SIZE;j++)
31          printf("顶点 1 到顶点%2d 的最短距离=%3d\n",j,distance[j]);
32       printf("----------------------------------\n");
33       printf("\n");
34
35       system("PAUSE");
36       return 0;
37    }
38    void BuildGraph_Matrix(int *Path_Cost)
39    {
40       int Start_Point;  /* 边的起点 */
41       int End_Point;    /* 边的终点 */
```

```
42      int i, j;
43      for ( i = 1; i < SIZE; i++ )
44        for ( j = 1; j < SIZE; j++ )
45          if ( i == j )
46            Graph_Matrix[i][j] = 0; /* 对角线设为 0 */
47          else
48            Graph_Matrix[i][j] = INFINITE;
49      /* 存入图的边 */
50      i=0;
51      while(i<SIZE)
52      {
53        Start_Point = Path_Cost[i*3];
54        End_Point = Path_Cost[i*3+1];
55        Graph_Matrix[Start_Point][End_Point]=Path_Cost[i*3+2];
56        i++;
57      }
58    }
59
60    /* 单点对全部顶点的最短距离 */
61    void shortestPath(int vertex1, int vertex_total)
62    {
63      int shortest_vertex = 1;  /*记录最短距离的顶点*/
64      int shortest_distance;    /*记录最短距离*/
65      int goal[SIZE];           /*用来记录该顶点是否被选取*/
66      int i,j;
67      for ( i = 1; i <= vertex_total; i++ )
68      {
69        goal[i] = 0;
70        distance[i] = Graph_Matrix[vertex1][i];
71      }
72      goal[vertex1] = 1;
73      distance[vertex1] = 0;
74      printf("\n");
75
76      for (i=1; i<=vertex_total-1; i++ )
77      {
78        shortest_distance = INFINITE;
79        /* 找最短距离的顶点 */
80        for (j=1;j<=vertex_total;j++ )
81          if (goal[j]==0&&shortest_distance>distance[j])
82          {
83            shortest_distance=distance[j];
84            shortest_vertex=j;
85          }
86        goal[shortest_vertex] = 1;
87        /* 计算开始顶点到各顶点的最短距离 */
88        for (j=1;j<=vertex_total;j++ )
89        {
90          if ( goal[j] == 0 && distance[shortest_vertex] +
                 Graph_Matrix[shortest_vertex][j] < distance[j])
91          {
92            distance[j]=distance[shortest_vertex] +
                          Graph_Matrix[shortest_vertex][j];
93          }
94        }
95      }
96    }
```

【执行结果】参考图 8-22。

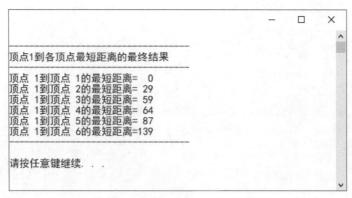

图 8-22

2. A* 算法

前面介绍的 Dijkstra 算法在寻找最短路径的过程中算是一个效率不高的算法，这是因为这个算法在寻找起点到各个顶点距离的过程中，无论哪一个顶点，都要实际计算起点与各个顶点之间的距离，以获得最后的一个判断：到底哪一个顶点距离与起点最近。

也就是说，Dijkstra 算法在带有权重值（Cost Value，成本值）的有向图间使用的最短路径寻找方式，只是简单地使用广度优先进行查找，完全忽略了许多有用的信息。这种查找算法会消耗许多系统资源，包括 CPU 的时间与内存空间。如果能有更好的方式帮助我们预估从各个顶点到终点的距离，善加利用这些信息，就可以预先判断图上有哪些顶点离终点的距离较远，以便直接略过这些顶点的查找。这种更有效率的查找算法绝对有助于程序以更快的方式找到最短路径。

在这种需求的考虑下，A*算法可以说是一种 Dijkstra 算法的改进版，结合了在路径查找过程中从起点到各个顶点的"实际权重"及各个顶点预估到达终点的"推测权重"（Heuristic Cost）两个因素，可以有效地减少不必要的查找操作，从而提高了查找最短路径的效率，如图 8-23 所示。

Dijkstra 算法　　　　　　　　A*算法（Dijkstra 算法的改进版）

图 8-23

因此，A*算法也是一种最短路径算法，与 Dijkstra 算法不同的是，A*算法会预先设置一个"推测权重"，并在查找最短路径的过程中将"推测权重"一并纳入决定最短路径的考虑因素中。所谓

"推测权重"，就是根据事先知道的信息来给定一个预估值。结合这个预估值，A*算法可以更有效地查找最短路径。

例如，在寻找一个已知"起点位置"与"终点位置"的迷宫最短路径问题中，因为事先知道迷宫的终点位置，所以可以采用顶点和终点的欧氏几何平面直线距离（Euclidean Distance，数学定义中的平面两点间的距离）作为该顶点的推测权重。

提示：有哪些常见的距离评估函数

在 A*算法中，用来计算推测权重的距离评估函数除了上面所提到的欧氏几何平面距离外，还有许多距离评估函数可供选择，如曼哈顿距离（Manhattan Distance）和切比雪夫距离（Chebysev Distance）等。对于二维平面上的两个点(x_1, y_1)和(x_2, y_2)，这三种距离的计算方式如下：

- 曼哈顿距离（Manhattan Distance）：
$$D = |x_1-x_2|+|y_1-y_2|$$
- 切比雪夫距离（Chebysev Distance）：
$$D = \max(|x_1-x_2|,|y_1-y_2|)$$
- 欧氏几何平面直线距离（Euclidean Distance）：
$$D = \sqrt{(x_1 - x_2)^2 + (y_1 - y_2)^2}$$

A*算法并不像 Dijkstra 算法那样只单一考虑从起点到这个顶点的实际权重（实际距离）来决定下一步要尝试的顶点。不同的做法是，A*算法在计算从起点到各个顶点的权重时，会同步考虑从起点到这个顶点的实际权重，以及该顶点到终点的推测权重，以估算出该顶点从起点到终点的权重，再从中选出一个权重最小的顶点，并将该顶点标示为已查找完毕。接着计算从查找完毕的顶点出发到各个顶点的权重，并从中选出一个权重最小的顶点，遵循前面同样的做法，将该顶点标示为已查找完毕的顶点。以此类推，反复进行同样的步骤，直到抵达终点才结束查找工作，最终即可得到最短路径的解答。

做一个简单的总结，实现 A*算法的主要步骤如下：

步骤01 首先确定各个顶点到终点的"推测权重"。"推测权重"的计算方法可以采用各个顶点和终点之间的直线距离（四舍五入后的值），而直线距离的计算函数从上述三种距离的计算方式择一即可。

步骤02 分别计算从起点抵达各个顶点的权重，计算方法是由起点到该顶点的"实际权重"加上该顶点抵达终点的"推测权重"。计算完毕后，选出权重最小的点，并标示为查找完毕的点。

步骤03 计算从查找完毕的顶点出发到各个顶点的权重，并从中选出一个权重最小的顶点，将其标示为查找完毕的顶点。以此类推，反复进行同样的计算过程，直到抵达终点。

A*算法适用于可以事先获得或预估各个顶点到终点距离的情况，但是如果无法获得各个顶点到目的地终点的距离信息时，就无法使用 A*算法。虽然说 A*算法是一种 Dijkstra 算法的改进版，但并不是指任何情况下 A*算法的效率一定优于 Dijkstra 算法。例如，当"推测权重"的距离与实际两个顶点间的距离相差很大时，A*算法的查找效率可能会比 Dijkstra 算法更差，甚至还会误导方向，从而造成无法得到最短路径的最终答案。

如果推测权重所设置的距离与实际两个顶点间的真实距离误差不大时，那么 A*算法的查找效率就远大于 Dijkstra 算法。因此，A*算法常被应用于游戏软件中玩家与怪物两种角色间的追逐行为，或者是引导玩家以最有效率的路径及最便捷的方式快速突破游戏关卡，如图 8-24 所示。

图 8-24

8.3.2 Floyd 算法

由于 Dijkstra 的方法只能求出某一点到其他顶点的最短距离，因此如果要求出图中任意两点甚至所有顶点间最短的距离，就必须使用 Floyd 算法。

Floyd 算法的定义如下：

（1）$A^k[i][j] = \min\{A^{k-1}[i][j], A^{k-1}[i][k] + A^{k-1}[k][j]\}$，$k \geqslant 1$，其中，$k$ 表示经过的顶点，$A^k[i][j]$ 为从顶点 i 到 j 通过 k 顶点的最短路径。

（2）$A^0[i][j] = \text{COST}[i][j]$（$A^0$ 等于 COST）。A^0 为顶点 i 到 j 间的直通距离。

（3）$A^n[i, j]$ 代表 i 到 j 的最短距离，A^n 便是我们要求出的最短路径成本矩阵。

这样看起来，似乎 Floyd 算法相当复杂。下面直接以实例来说明它的算法，试求图 8-25 中各顶点间的最短路径。

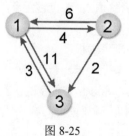

图 8-25

步骤 01 找到 $A^0[i][j] = \text{COST}[i][j]$，$A^0$ 为不经任何顶点的成本矩阵。若没有路径，则以 ∞（无穷大）来表示，如图 8-26 所示。

步骤 02 找出 $A^1[i][j]$ 从 i 到 j，通过顶点①的最短距离，并填入矩阵。

```
A¹[1][2] = min{A⁰[1][2], A⁰[1][1] + A⁰[1][2]} = min{4, 0+4} = 4
```

```
A¹[1][3] = min{A⁰[1][3], A⁰[1][1] + A⁰[1][3]} = min{11, 0+11} = 11
A¹[2][1] = min{A⁰[2][1], A⁰[2][1] + A⁰[1][1]} = min{6, 6+0} = 6
A¹[2][3] = min{A⁰[2][3], A⁰[2][1] + A⁰[1][3]} = min{2, 6+11} = 2
A¹[3][1] = min{A⁰[3][1], A⁰[3][1] + A⁰[1][1]} = min{3, 3+0} = 3
A¹[3][2] = min{A⁰[3][2], A⁰[3][1] + A⁰[1][2]} = min{∞, 3+4} = 7
```

按序求出各顶点的值后可以得到 A^1 矩阵，如图 8-27 所示。

A^0	1	2	3
1	0	4	11
2	6	0	2
3	3	∞	0

图 8-26

A^1	1	2	3
1	0	4	11
2	6	0	2
3	3	7	0

图 8-27

步骤 03 求出 $A^2[i][j]$通过顶点②的最短距离。

```
A²[1][2] = min{A¹[1][2], A¹[1][2] + A¹[2][2]} = min{4, 4+0} = 4
A²[1][3] = min{A¹[1][3], A¹[1][2] + A¹[2][3]} = min{11, 4+2} = 6
```

按序求出其他各顶点的值可得到 A^2 矩阵，如图 8-28 所示。

步骤 04 求出 $A^3[i][j]$通过顶点③的最短距离。

```
A³[1][2] = min{A²[1][2], A²[1][3] + A²[3][2]} = min{4, 6+7} = 4
A³[1][3] = min{A²[1][3], A²[1][3] + A²[3][3]} = min{6, 6+0} = 6
```

按序求出其他各顶点的值可得到 A^3 矩阵，如图 8-29 所示。

A^2	1	2	3
1	0	4	6
2	6	0	2
3	3	7	0

图 8-28

A^3	1	2	3
1	0	4	6
2	5	0	2
3	3	7	0

图 8-29

步骤 05 完成，所有顶点间的最短路径如矩阵 A^3 所示。

从上例可知，一个加权图若有 n 个顶点，则此方法必须执行 n 次循环，逐一产生 $A^1, A^2, A^3, \ldots, A^k$ 矩阵。Floyd 算法较为复杂，读者也可以用 Dijkstra 算法按序以各顶点为起始顶点，最终也可以得到同样的结果。

【范例程序：CH08_05.c】

设计一个 C 程序，以 Floyd 算法求取图结构中所有顶点两两之间的最短路径。图的邻接矩阵数组如下：

```
int Path_Cost[7][3] = { {1, 2,20},
                        {2, 3, 30},
```

```
                              {2,  4,  25},
                              {3,  5,  28},
                              {4,  5,  32},
                              {4,  6,  95},
                              {5,  6,  67} };
```

```
01   #include <stdio.h>
02   #include <stdlib.h>
03   #define SIZE   7
04   #define INFINITE  99999
05   #define NUMBER 6
06
07   int Graph_Matrix[SIZE][SIZE]; /* 图的数组 */
08   int distance[SIZE][SIZE];        /* 路径长度数组 */
09
10   /* 建立图 */
11   void BuildGraph_Matrix(int *Path_Cost)
12   {
13      int Start_Point;/* 边线的起点 */
14      int End_Point; /* 边线的终点 */
15      int i, j;
16      for ( i = 1; i < SIZE; i++ )
17        for ( j = 1; j < SIZE; j++ )
18           if (i==j)
19              Graph_Matrix[i][j] = 0; /* 对角线设为 0 */
20           else
21              Graph_Matrix[i][j] = INFINITE;
22      /* 存入图的边 */
23      i=0;
24      while(i<SIZE)
25      {
26         Start_Point = Path_Cost[i*3];
27         End_Point = Path_Cost[i*3+1];
28         Graph_Matrix[Start_Point][End_Point]=Path_Cost[i*3+2];
29         i++;
30      }
31   }
32   /* 打印出图*/
33
34   void shortestPath(int vertex_total)
35   {
36      int i,j,k;
37      /* 初始化图的长度数组 */
38      for (i=1;i<=vertex_total;i++ )
39        for (j=i;j<=vertex_total;j++ )
40           {
41              distance[i][j]=Graph_Matrix[i][j];
42              distance[j][i]=Graph_Matrix[i][j];
43           }
44       /* 使用 Floyd 算法找出所有顶点两两之间的最短距离 */
45      for (k=1;k<=vertex_total;k++ )
46        for (i=1;i<=vertex_total;i++ )
47          for (j=1;j<=vertex_total;j++ )
48            if (distance[i][k]+distance[k][j]<distance[i][j])
49               distance[i][j] = distance[i][k] + distance[k][j];
50   }
```

```
51    /* 主程序 */
52    int main()
53    {
54       int Path_Cost[7][3] = { {1, 2,20},
55                               {2, 3, 30},
56                               {2, 4, 25},
57                               {3, 5, 28},
58                               {4, 5, 32},
59                               {4, 6, 95},
60                               {5, 6, 67} };
61       int i,j;
62       BuildGraph_Matrix(&Path_Cost[0][0]);
63       printf("=============================================\n");
64       printf("       所有顶点两两之间的最短距离：\n");
65       printf("=============================================\n");
66       shortestPath(NUMBER); /* 计算所有顶点间的最短路径 */
67       /*求得两两顶点间的最短路径长度数组后，将其打印出来*/
68       printf("        顶点1 顶点2 顶点3 顶点4 顶点5 顶点6\n");
69       for ( i = 1; i <= NUMBER; i++ )
70       {
71          printf("顶点%d",i);
72          for ( j = 1; j <= NUMBER; j++ )
73          {
74             printf("%5d ",distance[i][j]);
75          }
76          printf("\n");
77       }
78       printf("=============================================\n");
79       printf("\n");
80
81       system("PAUSE");
82       return 0;
83    }
```

【执行结果】参考图 8-30。

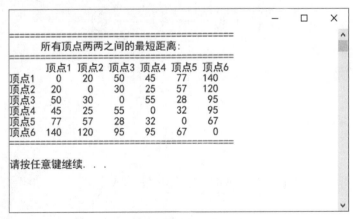

图 8-30

课后习题

1. 求出图中的 DFS 与 BFS 结果。

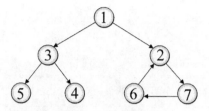

2. 以 K 氏法求取图中的最小成本生成树。

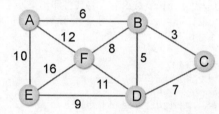

3. 求拓扑排序。

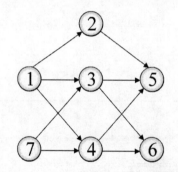

4. 简述拓扑排序的步骤。

5. 使用下面的遍历法求出生成树：

① 深度优先；

② 广度优先。

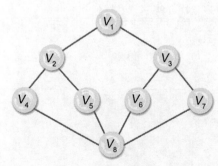

6. 以下所列的各个树都是关于图 G 的搜索树。假设所有的搜索都始于节点 1，试判定每棵树

是深度优先搜索树还是广度优先搜索树，或者二者都不是。

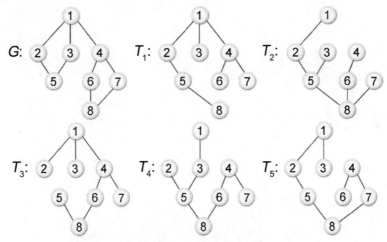

7. 求 V_1、V_2、V_3 任两个顶点的最短距离，并描述其过程。

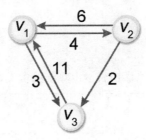

8. 假设在注有各地距离的图上（单行道），求各地之间的最短距离。

（1）使用矩阵，将下面的数据存储起来并写出结果。

（2）写出求各地之间最短距离的算法。

（3）写出最后所得的矩阵，并说明其可表示各地之间的最短距离。

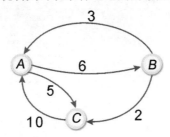

9. 什么是生成树？生成树包含哪些特点？

10. 在求解一个无向连通图的最小生成树时，Prim 算法的主要方法是什么？试简述之。

11. 在求解一个无向连通图的最小生成树时，Kruskal 算法的主要方法是什么？试简述之。

附录 A

课后习题与解答

第 1 章课后习题参考答案

1. 以下 C 程序片段是否相当严谨地表达出算法的含义？

```
count=0;
while(count< >3)
```

解答▶ 不够严谨，因为会造成无限循环，与算法有限性的特性相抵触。

2. 在下列程序的循环部分中，实际执行的次数与时间复杂度是什么？

```
for i=1 to n
    for j=i to n
        for k =j to n
        { end of k Loop }
    { end of j Loop }
{ end of i Loop }
```

解答▶ 我们可使用数学算式来计算，公式如下：

$$\sum_{i=1}^{n}\sum_{j=1}^{n}\sum_{k=1}^{n}1 = \sum_{i=1}^{n}\sum_{j=1}^{n}(n-j+1)$$

$$= \sum_{i=1}^{n}(\sum_{j=1}^{n}n - \sum_{j=1}^{n}j + \sum_{j=1}^{n}1)$$

$$= \sum_{i=1}^{n}(\frac{2n(n-i+1)}{2} - \frac{(n+i)(n-i+1)}{2}) + (n-i+1)$$

$$= \sum_{i=1}^{n}(\frac{(n-i+1)}{2})(n-i+2)$$

$$= \frac{1}{2}\sum_{i=1}^{n}(n^2+3n+2+i^2-2ni-3i)$$

$$= \frac{1}{2}(n^3+3n^2+2n+\frac{n(n+1)(2n+1)}{6} - n^3 - n^2 - \frac{3n^2+3n}{2})$$

$$= \frac{1}{2}(\frac{n(n+1)(2n+1)}{6} + \frac{n(n+1)}{2})$$

$$= \frac{n(n+1)(n+2)}{6}$$

$\frac{n(n+1)(n+2)}{6}$ 就是实际循环执行的次数，且必定存在 c，使得 $\frac{n(n+1)(n+2)}{6}n_0 \leqslant cn^3$，因此当 n $\geqslant n_0$ 时，时间复杂度为 $O(n^3)$。

3. 试证明 $f(n)=a_m n^m + ... + a_1 n + a_0$，则 $f(n)=O(n^m)$。

解答▶

$$f(n) \leqslant \sum_{i=1}^{n}|a_i|n^i$$

$$\leqslant n^m\sum_{0}^{m}|a_i|n^{i-m}$$

$$\leqslant n^m\sum_{0}^{m}|a_i|$$

另外，我们可以把 $\sum_{0}^{m}|a_i|$ 视为常数 C，则有 $C \Rightarrow f(n)=0(n^m)$

4. 以下程序的 Big-Oh 是什么？

```
Total=0;
for(i=1; i<=n ; i++)
    total=total+i*i;
```

解答▶ 因为循环执行 n 次，所以是 $O(n)$。

5. 算法必须符合哪 5 个条件？

解答▶

算法的特性	内容与说明
输入（Input）	0 或多个输入数据，这些输入必须有清楚的描述或定义
输出（Output）	至少会有一个输出结果，不能没有输出结果
明确性（Definiteness）	每一个指令或步骤必须是简洁明确的
有限性（Finiteness）	在有限步骤后一定会结束，不会产生无限循环
有效性（Effectiveness）	步骤清晰明了且可行，能让用户用纸笔计算而求出答案

6. 试简述分治法的核心思想。

解答▶ 分治法的核心思想在于将一个难以直接解决的大问题按照不同的分类分割成两个或更多的子问题，以便各个击破，分而治之。

7. 递归至少要定义哪两个条件？

解答▶ 递归至少要定义两个条件：①可以反复执行的递归过程；②跳出递归执行过程的出口。

8. 试简述贪心法的主要核心概念。

解答▶ 贪心法又称为贪婪算法，从某一起点开始，在每一个解决问题步骤中使用贪心原则，即采取在当前状态下最有利或最优化的选择，不断地改进该解答，持续在每一步骤中选择最佳的方法，并且逐步逼近给定的目标，当达到某一步骤不能再继续前进时算法停止，以尽可能快地求得更好的解。

9. 简述动态规划法与分治法的差异。

解答▶ 动态规划法主要的做法是：如果一个问题答案与子问题相关，就将大问题拆解成各个小问题。其中与分治法最大不同的地方是可以让每一个子问题的答案被存储起来，以供下次求解时直接取用。这样的做法不但能减少再次计算的时间，还可将这些解组合成大问题的解答，故而使用动态规划可以解决重复计算的问题。

10. 什么是迭代法？试简述之。

解答▶ 迭代法是指无法使用公式一次求解，而需要使用迭代，例如用循环去重复执行程序代码的某些部分来得到答案。

11. 枚举法的核心概念是什么？试简述之。

解答▶ 枚举法的核心思想是列举所有的可能，根据问题要求逐一列举问题的解答。

12. 回溯法的核心概念是什么？试简述之。

解答▶ 回溯法也是枚举法中的一种，对于某些问题而言，回溯法是一种可以找出所有（或一部分）解的一般性算法，同时避免枚举不正确的数值。一旦发现不正确的数值，就不再递归到下一层，而是回溯到上一层，以节省时间，是一种走不通就退回再走的方式。

13. 编写一个算法来求取函数 $f(n)$，$f(n)$ 的定义如下：

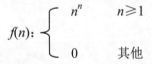

$$f(n): \begin{cases} n^n & n \geq 1 \\ 0 & \text{其他} \end{cases}$$

解答▶

```
int aaa(n)
{
    int p,q;
    if(n<=0) return 0;
    p=n;
    q=n-1;
    while (q>0)
    {
        p=q*n;
        q=q-1;
```

```
    }
    return p;
}
```

第2章课后习题参考答案

1. 解释抽象数据类型。

解答▶ 抽象数据类型是一种自定义数据类型，可简化一个数据类型的呈现方式及操作运算，并提供给用户以预定的方式来使用这个数据类型。也就是说，用户无须考虑到ADT的制作细节，只要知道如何使用即可，例如堆栈或队列就是很典型的抽象数据类型。

2. 简述数据与信息的差异。

解答▶ 数据指的就是一种未经处理的原始文字、数字、符号或图形等。信息则是利用大量的数据，经过系统地整理、分析、筛选处理而提炼出来的，且具有参考价格及提供决策依据的文字、数字、符号或图表。

3. 数据结构主要是表示数据在计算机内存中所存储的位置和模式，通常可以分为哪三种类型？

解答▶ 基本数据类型、结构化数据类型和抽象数据类型。

4. 试简述一个单向链表节点字段的组成。

解答▶ 一个单向链表节点由数据字段和指针两个字段组成，指针将会指向下一个链表元素所存放的内存位置。

5. 简要说明堆栈与队列的主要特性。

解答▶ 堆栈是一组相同数据类型的组合，具有"后进先出"的特性，所有的操作均在堆栈结构的顶端进行。队列和堆栈都是一种有序线性表，也属于抽象型数据类型，是一种"先进先出"的数据结构，所有的加入操作都发生在队列的末端，而所有的删除操作都发生在队列的前端。

6. 什么是欧拉链理论？试绘图说明。

解答▶ 如果"欧拉七桥问题"的条件改成从某顶点出发，经过每边一次，不一定要回到起点，即只允许其中两个顶点的度数是奇数，其余必须为偶数，那么符合这种结果的就被称为欧拉链。

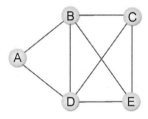

7. 解释下列哈希函数的相关名词。

（1）Bucket（桶）

（2）同义字

（3）完美哈希

（4）碰撞

解答▶

（1）桶（Bucket）：哈希表中存储数据的位置，每一个位置对应唯一的一个地址（Bucket

Address）。桶就好比一个记录。

（2）同义词：两个标识符 I_1 和 I_2 经哈希函数运算后所得的数值相同，即 $f(I_1) = f(I_2)$，就称 I_1 与 I_2 对于 f 这个哈希函数是同义词。

（3）完美哈希：既没有碰撞又没有溢出的哈希函数。

（4）碰撞：两项不同的数据经过哈希函数运算后对应到相同的地址。

8. 一般树结构在计算机内存中的存储方式是以链表为主，对于 n 叉树来说，我们必须取 n 为链接个数的最大固定长度，试说明为了改进存储空间浪费的缺点为何经常使用二叉树结构来取代树结构。

解答▶ 假设此 n 叉树有 m 个节点，那么此树共用了 $n \times m$ 个链接字段。因为除了树根外，每一个非空链接都指向一个节点，所以得知空链接个数为 $n \times m - (m-1) = m \times (n-1) + 1$，而 n 叉树的链接浪费率为 $\frac{m \times (n-1)+1}{m \times n}$。因此我们可以得到以下结论：

$n=2$ 时，二叉树的链接浪费率约为 1/2。

$n=3$ 时，三叉树的链接浪费率约为 2/3。

$n=4$ 时，四叉树的链接浪费率约为 3/4。

……

故而，当 $n=2$ 时，它的链接浪费率最低。

第 3 章课后习题参考答案

1. 排序的数据是以数组数据结构来存储的。在下列排序法中，哪一个的数据搬移量最大？

（A）冒泡排序法　　　（B）选择排序法　　　（C）插入排序法

解答▶（C）

2. 举例说明合并排序法是否为稳定排序？

解答▶ 合并排序法是一种稳定排序，例如 11、8、14、7、6、8+、23、4 经过合并排序法的结果为 4、6、7、8、8+、11、14、23，这种排序不会更改到键值相同数据的原有顺序，如 8+ 在 8 的右侧，经排序后 8+ 仍在 8 的右侧。

3. 待排序的键值为 26、5、37、1、61，试使用选择排序法列出每个回合排序的结果。

解答▶

```
        26    5    37    1    61
   →   (1)    5    37   26    61
   →   (1)   (5)   37   26    61
   →   (1)   (5)  (26)  37    61
   →   (1)   (5)  (26) (37)   61
```

4. 在排序过程中，数据移动可分为哪两种方式？试说明两者之间的优劣。

解答▶ 在排序过程中，数据的移动方式可分为"直接移动"和"逻辑移动"两种。"直接移动"是直接交换存储数据的位置，而"逻辑移动"并不会移动数据存储的位置，仅改变指向这些数据的辅助指针的值。两者之间的优劣在于直接移动会浪费许多时间，而逻辑移动只要改变辅助指针指向的位置就能轻易达到排序的目的。

5. 简述基数排序法的主要特点。

解答▶　基数排序法并不需要进行元素之间的直接比较操作，它属于一种分配模式排序方式。基数排序法按比较的方向可分为最高位优先和最低位优先两种。最高位优先法是从最左边的位数开始比较，而最低位优先法则是从最右边的位数开始比较。

6. 下列叙述正确与否？试说明原因。

（1）无论输入数据为何，插入排序的元素比较总次数都会比冒泡排序的元素比较总次数少。

（2）若输入数据已排序完成，再利用堆积排序时，则只需 $O(n)$时间即可完成排序。其中，n 为元素个数。

解答▶

（1）错。提示：对于 n 个已排好序的输入数据，两种方法的比较次数是相同的。

（2）错。在输入数据已排好序的情况下需要 $O(n\log_2 n)$。

第 4 章课后习题参考答案

1. 若有 n 项数据已排序完成，则用二分查找法查找其中某一项数据的查找时间约为多少？

（A）$O(\log^2 n)$　　　（B）$O(n)$　　　（C）$O(n^2)$　　　（D）$O(\log_2 n)$

解答▶（D）

2. 使用二分查找法的前提条件是什么？

解答▶　必须存放在可以直接存取且已排好序的文件中。

3. 有关二分查找法，下列哪一个叙述是正确的？

（A）文件必须事先排序

（B）当排序数据非常小时，其时间会比顺序查找法慢

（C）排序的复杂度比顺序查找法要高

（D）以上都正确

解答▶　（D）

4. 用哈希法将 101、186、16、315、202、572、463 这 7 个数字存放到 0~6 的 7 个位置。若要存入 1000 开始的 11 个位置，又应该如何存放？

解答▶

$f(X) = X \bmod 7$

$f(101) = 3$

$f(186) = 4$

$f(16) = 2$

$f(315) = 0$

$f(202) = 6$

$f(572) = 5$

$f(463) = 1$

位置	0	1	2	3	4	5	6
数字	315	463	16	101	186	572	202

同理取：

$f(X) = (X \bmod 11) + 1000$

$f(101) = 1002$

$f(186) = 1010$

$f(16) = 1005$

$f(315) = 1007$

$f(202) = 1004$

$f(572) = 1000$

$f(463) = 1001$

位置	1000	1001	1002	1003	1004	1005	1006	1007	1008	1009	1010
数字	572	463	101		202	16		315			186

5. 什么是哈希函数？试使用除留余数法和折叠法以 7 位电话号码作为数据进行说明。

解答▶ （答案不唯一）

以下列 6 组电话号码为例：

（1）9847585；

（2）9315776；

（3）3635251；

（4）2860322；

（5）2621780；

（6）8921644。

● 除留余数法：

利用 $f_D(X) = X \bmod M$，假设 $M = 10$。

$f_D(9847585) = 9847585 \bmod 10 = 5$

$f_D(9315776) = 9315776 \bmod 10 = 6$

$f_D(3635251) = 3635251 \bmod 10 = 1$

$f_D(2860322) = 2830322 \bmod 10 = 2$

$f_D(2621780) = 2621780 \bmod 10 = 0$

$f_D(8921644) = 8921644 \bmod 10 = 4$

● 折叠法：

将数据分成几段，除最后一段外，每段长度都相同，再把每段值相加。

$f(9847585) = 984+758+5 = 1747$

$f(9315776) = 931+577+6 = 1514$

$f(3635251) = 363+525+1 = 889$

$f(2860322) = 286+032+2 = 320$

$f(2621780) = 262+178+0 = 440$

$f(8921644) = 892+164+4 = 1060$

6. 当哈希函数 $f(x) = 5x+4$ 时，分别计算下列 7 项键值所对应的哈希值：

87 65 54 76 21 39 103

解答▶

（1）$f(87) = 5×87+4 = 439$

（2）$f(65) = 5×65+4 = 329$

（3）$f(54) = 5×54+4 = 274$

（4）$f(76) = 5×76+4 = 384$

（5）$f(21) = 5×21+4 = 109$

（6）$f(39) = 5×39+4 = 199$

（7）$f(103) = 5×103+4 = 519$

7. 解释哈希函数的碰撞。

解答▶ 两项不同的数据经过哈希函数运算后对应到相同的地址时就称为碰撞。

第 5 章课后习题参考答案

1. 数组结构类型通常包含哪几个属性？

解答▶ 数组结构类型通常包含 5 个属性：起始地址、维数、索引上下限、数组元素个数、数组类型。

2. 在 n 个数据的链表中查找一个数据，若以平均所需要用的时间来考虑，其时间复杂度是什么？

解答▶ $O(n)$。

3. 什么是转置矩阵？试简单举例说明。

解答▶ "转置矩阵"（A^t）就是把原矩阵的行坐标元素与列坐标元素相互调换。假设 A^t 为 A 的转置矩阵，则有 $A^t[j, i]=A[i, j]$，如下所示。

$$A = \begin{bmatrix} 1 & 2 & 3 \\ 4 & 5 & 6 \\ 7 & 8 & 9 \end{bmatrix}_{3×3} \qquad A^t = \begin{bmatrix} 1 & 4 & 7 \\ 2 & 5 & 8 \\ 3 & 6 & 9 \end{bmatrix}_{3×3}$$

4. 在单向链表类型的数据结构中，根据所删除节点的位置会有哪三种不同的情形？

解答▶ 根据所删除节点的位置会有以下三种不同的情形。

① 删除链表的第一个节点：只要把链表指针头部指向第二个节点即可。

② 删除链表后的最后一个节点：只要将指向最后一个节点 ptr 的指针直接指向 NULL 即可。

③ 删除链表内的中间节点：只要将删除节点的前一个节点的指针指向要删除节点的下一个节点即可。

第 6 章课后习题参考答案

1. 至少列举三种常见的堆栈应用。

解答▶

① 二叉树及森林的遍历运算，如中序遍历、前序遍历等。

② 计算机中央处理单元的中断处理。

③ 图的深度优先遍历法。

2. 回答下列问题：

（1）解释堆栈的含义。

（2）TOP(PUSH(i,s))的结果是什么？

（3）POP(PUSH(i,s))的结果是什么？

解答▶

（1）堆栈是一组相同数据类型的组合，所有的动作均在堆栈顶端进行，具有"后进先出"的特性。堆栈的应用在日常生活中随处可见，如大楼电梯、货架的货品等都是类似堆栈的数据结构原理。

（2）结果是堆栈内增加一个元素，因为该操作是将元素 i 加入堆栈 s 中，所以返回堆栈顶端的元素。

（3）堆栈内的元素保持不变，因为该操作是将元素 i 加入堆栈 s 中，再将堆栈 s 中顶端的 i 元素删除。

3. 在汉诺塔问题中，移动 n 个圆盘所需的最小移动次数是多少？试说明之。

解答▶ 当有 n 个圆盘时，可将汉诺塔问题归纳成三个步骤，其中 a_n 为移动 n 个圆盘所需的最少移动次数，a_{n-1} 为移动 $n-1$ 个圆盘所需的最少移动次数，$a_1 = 1$ 为只剩一个圆盘时的移动次数，因此可得如下式子：

$$
\begin{aligned}
a_n &= a_{n-1} + 1 + a_{n-1} \\
&= 2a_{n-1} + 1 \\
&= 2(a_{n-2} + 1) \\
&= 4a_{n-2} + 2 + 1 \\
&= 4(2a_{n-3} + 1) + 2 + 1 \\
&= 8a_{n-3} + 4 + 2 + 1 \\
&= 8(2a_{n-4} + 1) + 4 + 2 + 1 \\
&= 16a_{n-4} + 8 + 4 + 2 + 1 \\
&\quad \cdots \\
&= 2^{n-1}a_1 + \sum_{k=0}^{n-2} 2^k
\end{aligned}
$$

即：

$$
\begin{aligned}
a_n &= 2^{n-1} * 1 + \sum_{k=0}^{n-2} 2^k \\
&= 2^{n-1} + 2^{n-1} - 1 \\
&= 2^n - 1
\end{aligned}
$$

所以，要移动 n 个圆盘所需的最小移动次数为 2^n-1 次。

4. 什么是优先队列？试说明之。

解答▶ 优先队列为一种不必遵守队列特性——FIFO（先进先出）的有序表，其中每一个元素都赋予一个优先权，加入元素时可任意加入，但有最高优先权者将最先输出。例如，在计算机中 CPU 的工作调度，优先权调度就是一种挑选任务的"调度算法"，也会使用到优先队列。

5. 回答以下问题：

（1）下列哪一个不是队列的应用？

（A）操作系统的作业调度　　　　　（B）输入/输出的工作缓冲

（C）汉诺塔的解决方法　　　　　　（D）高速公路的收费站收费

（2）下列哪些数据结构是线性表？

（A）堆栈　　（B）队列　　（C）双向队列　　（D）数组　　（E）树

解答▶（1）C

　　　　（2）A、B、C、D

6. 假设我们利用双向队列按序输入 1、2、3、4、5、6、7，是否能够得到 5174236 的输出排列？

解答▶ 从输出序列和输入序列求得 7 个数字 1、2、3、4、5、6、7 存在队列内合理排列的情况，因为按序输入 1、2、3、4、5、6、7 且得到 5174236，所以 5 为第一个输出，则此刻序列应是：

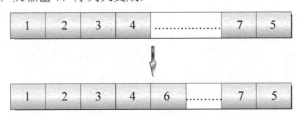

先输出 5，再输出 1，又输出 7，序列又变成：

若下一项要输出 4 则不可能，只可能输出 2，所以本题答案是不可能。

7. 试说明队列应具备的基本特性。

解答▶ 队列是一种抽象型数据结构，具有下列特性：

①先进先出。

② 拥有两种基本操作，即加入与删除，而且使用 front 与 rear 两个指针来分别指向队列的前端与尾端。

8. 至少列举三种队列常见的应用。

解答▶ 图遍历的广度优先搜索法、计算机的模拟、CPU 的工作调度、外设脱机批处理系统等。

第 7 章课后习题参考答案

1. 说明二叉查找树的特点。

解答▶ 二叉查找树具有以下特点：

① 可以是空集合，若不是空集合则节点上一定要有一个键值。

② 每一个树根的值需大于左子树的值。

③ 每一个树根的值需小于右子树的值。

④ 左、右子树也是二叉查找树。

⑤ 树的每个节点值都不相同。

2. 下列哪一种不是树？

    （A）一个节点

    （B）环形链表

    （C）一个没有回路的连通图

    （D）一个边数比点数少 1 的连通图

解答▶ （B）因为环形链表会造成回路现象，所以不符合树的定义。

3. 关于二叉查找树的叙述，哪一个是错误的？

    （A）二叉查找树是一棵完全二叉树

    （B）可以是斜二叉树

    （C）一个节点最多只能有两个子节点

    （D）一个节点的左子节点的键值不会大于右子节点的键值

解答▶ （A）

4. 以下二叉树的中序法、后序法及前序法表达式分别是什么？

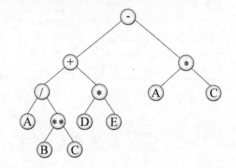

解答▶ 中序：A/B**C+D*E-A*C

       后序：ABC**/DE*+AC*-

       前序：-+/A**BC*DE*AC

5. 试以链表来描述以下树结构的数据结构。

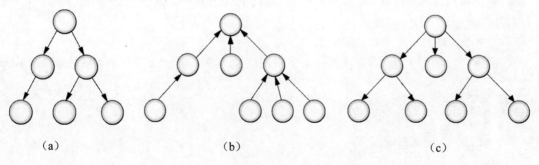

（a）   （b）   （c）

解答▶

（a）每个节点的数据结构如下：

Llink	Data	Rlink

（b）因为子节点都指向父节点，所以结构可以设计如下：

Data	link

（c）每个节点的数据结构如下：

Data		
Link1	Link2	Link3

6. 以下运算二叉树的中序法、后序法与前序法表达式分别是什么？

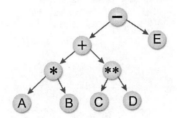

解答▶　中序：A*B+C**D-E
　　　　前序：-+*AB**CDE
　　　　后序：AB*CD**+E-

7. 尝试将 A-B*(-C+-3.5) 表达式转化为二叉运算树，并求出此算术表达式的前序与后序表示法。

解答▶

→ A-B*(-C+-3.5)

→ (A-(B*((-C)+(-3.5))))

→

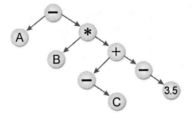

前序表示法：-A*B+-C-3.5
后序表示法：ABC-3.5-+*-

第 8 章课后习题参考答案

1. 求出图中的 DFS 与 BFS 结果。

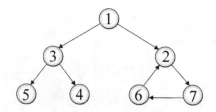

解答▶ DFS：1-2-7-6-3-4-5

BFS：1-2-3-7-4-5-6

2. 以 K 氏法求取图中的最小成本生成树。

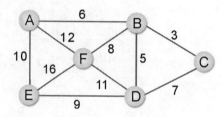

解答▶

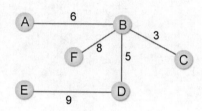

3. 求拓扑排序。

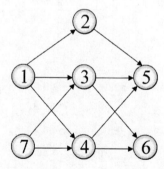

解答▶ 7、1、4、3、6、2、5。

4. 简述拓扑排序的步骤。

解答▶ 拓扑排序的步骤如下：

步骤 1：寻找图中任何一个没有先行者的顶点。

步骤 2：输出此顶点，并将此顶点的所有边删除。

步骤 3：重复上面两个步骤以处理所有顶点。

5. 使用下面的遍历法求出生成树：

① 深度优先；

② 广度优先。

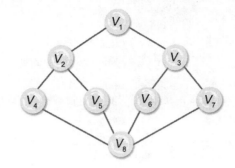

解答▶

① 深度优先：

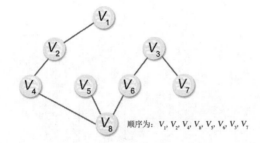

顺序为：$V_1, V_2, V_4, V_8, V_5, V_6, V_3, V_7$

② 广度优先：

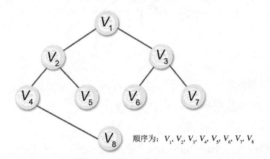

顺序为：$V_1, V_2, V_3, V_4, V_5, V_6, V_7, V_8$

6. 以下所列的各个树都是关于图 G 的搜索树。假设所有的搜索都始于节点 1，试判定每棵树是深度优先搜索树还是广度优先搜索树，或者二者都不是。

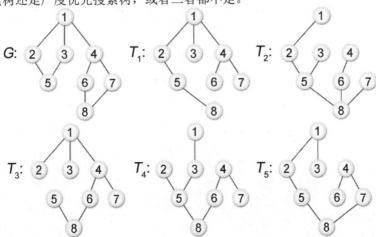

解答▶

（1）T_1 为广度优先搜索树　　（2）T_2 二者都不是

（3）T_3 二者都不是　　　　　（4）T_4 为深度优先搜索树

（5）T_5 二者都不是

7. 求 V_1、V_2、V_3 任两个顶点的最短距离，并描述其过程。

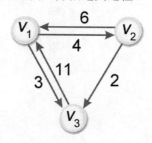

解答▶

$$A^0 = \begin{bmatrix} 0 & 4 & 11 \\ 6 & 0 & 2 \\ 3 & \infty & 0 \end{bmatrix} \qquad A^1 = \begin{bmatrix} 0 & 4 & 11 \\ 6 & 0 & 2 \\ 3 & 7 & 0 \end{bmatrix}$$

$$A^2 = \begin{bmatrix} 0 & 4 & 6 \\ 6 & 0 & 2 \\ 3 & 7 & 0 \end{bmatrix} \qquad A^3 = \begin{matrix} & V_1 & V_2 & V_3 \\ V_1 \\ V_2 \\ V_3 \end{matrix} \begin{bmatrix} 0 & 4 & 6 \\ 6 & 0 & 2 \\ 3 & 7 & 0 \end{bmatrix}$$

8. 假设在注有各地距离的图上（单行道），求各地之间的最短距离。

（1）使用矩阵，将下面的数据存储起来并写出结果。

（2）写出求各地之间最短距离的算法。

（3）写出最后所得的矩阵，并说明其可表示各地之间的最短距离。

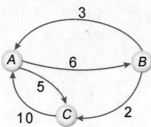

解答▶

①

$$\begin{matrix} & A & B & C \\ A \\ B \\ C \end{matrix} \begin{bmatrix} 0 & 5 & 6 \\ 10 & 0 & \infty \\ 3 & 2 & 0 \end{bmatrix}$$

② C 语言描述的算法为：

```
void shortestPath(int vertex_total)
{
    int i,j,k;
    /* 初始化图长度数组 */
    for (i=1;i<=vertex_total;i++ )
        for (j=i;j<=vertex_total;j++ )
            {
                distance[i][j]=Graph_Matrix[i][j];
                distance[j][i]=Graph_Matrix[i][j];
            }
    /* 使用 Floyd 算法找出所有顶点两两之间的最短距离 */
    for (k=1;k<=vertex_total;k++ )
        for (i=1;i<=vertex_total;i++ )
            for (j=1;j<=vertex_total;j++ )
                if (distance[i][k]+distance[k][j]<distance[i][j])
                    distance[i][j] = distance[i][k] + distance[k][j];
}
```

③

$$\begin{array}{c}\\A\\B\\C\end{array}\begin{array}{ccc}A & B & C\\\left[\begin{array}{ccc}0 & 5 & 6\\10 & 0 & 16\\3 & 2 & 0\end{array}\right]\end{array}$$

9. 什么是生成树？生成树包含哪些特点？

解答▶ 一个图的生成树是以最少的边来连接图中所有的顶点，且不造成回路的树结构。由于生成树是由所有顶点和访问过程经过的边所组成的，因此令 $S = (V, T)$ 为图 G 中的生成树。该生成树具有下面几个特点：

① $E = T + B$。

② 将集合 B 中的任意一边加入集合 T 中，就会造成回路。

③ V 中任意两个顶点 V_i 和 V_j，在生成树 S 中存在唯一的一条简单路径。

10. 在求解一个无向连通图的最小生成树时，Prim 算法的主要方法是什么？试简述之。

解答▶ Prim 算法又称 P 氏法，对一个加权图 $G = (V, E)$，设 $V=\{1, 2, ..., n\}$、$U=\{1\}$，也就是说，U 和 V 是两个顶点的集合，再从 $V–U$ 差集所产生的集合中找出一个顶点 x，该顶点 x 能与 U 集合中的某个顶点形成最小成本的边，且不会造成回路，然后将顶点 x 加入 U 集合中，反复执行同样的步骤，一直到 U 集合等于 V 集合（$U=V$）为止。

11. 在求解一个无向连通图的最小生成树时，Kruskal 算法的主要方法是什么？试简述之。

解答▶ Kruskal 算法是将各边按权值大小从小到大排列，接着从权值最低的边开始建立最小成本生成树。若加入的边会造成回路，则舍弃不用，直到加入 n-1 条边为止。

丰富的图示与范例
诠释数据结构

图解
数据结构
——使用 Java

丰富的图示解释
复杂的数据结构概念

以范例程序说明
数据结构的内涵

以Java语言实现
数据结构中的重要理论

提供网络资源下载

胡昭民 编著   清华大学出版社

本书特色

- 内容结构完整，逻辑清晰，采用丰富的图例来阐述基本概念以及应用，有效提高可读性。

- 以Java程序语言实现数据结构中的重要理论，以范例程序说明数据结构的内涵。

- 采用"Eclipse"Java IDE工具，集成编译、运行、测试及除错功能。

- 强调边操作边学习，提供书中范例完整程序代码，给予最完整的支持，加深学习的效率。

本书提供完整的范例程序代码供网络下载，读者可以根据学习进度练习。除此之外，还有配合各章教学内容的练习题，让读者测试自己的学习效果。